José. 川島良彰　池本幸生　山下加夏
José Yoshiaki Kawashima　Yukio Ikemoto　Kana Yamashita

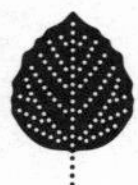

コーヒーで読み解くSDGs

ポプラ新書
235

はじめに

2015年に国連で採択されたSDGsは、ここ数年のうちに日本でも普及啓発が一気に進みました。都市部の街を歩き、公共交通機関を利用すれば、企業広告や自治体のメッセージと共にSDGsのロゴが目に飛び込んできます。新聞や月刊誌もSDGs特集を組み、高校や大学ではカリキュラムにSDGsを盛り込み、学生の皆さんが将来世代に継続可能な社会づくりのアイデアを練り上げています。

一方で、2020年の初めから世界を襲った新型コロナウイルス感染症のパンデミック（世界的流行）は私たちの日常生活を一変させ、それと同時に、世界中の格差社会や保健衛生問題など、SDGsが描くサステイナブルな未来の実現に向けて、人類が乗り越えるべき壁をより明確に浮き彫りにしました。

ところで皆さんは、日本が、EU、アメリカ、ブラジルに次ぎ、世界で4番目に多くコーヒーを消費しているということをご存知でしょうか。全国津々浦々にある小さな喫茶店から、カフェ・チェーン店、コンビニや自動販売機に必ず並ぶ缶コーヒーまで、日本のコーヒー文化は世界に類を見ないほど、多様性に富んでいます。

そんなふうに私たちの生活にもはや欠かすことができないコーヒーは、赤道を挟む南緯25度から北緯25度のコーヒーベルトと呼ばれる熱帯地域で生産されます。

その大半を担うのは開発途上国で、生産されたコーヒーのほとんどが先進国で消費されます。しかもコーヒーは世界有数の規模を誇る産業で、コーヒーを生産する農家だけでも、世界中で2、500万世帯を超すと言われます。その規模の大きさゆえにコーヒー市場での価格の下落は、世界の経済、環境、社会問題に直結するのです。

SDGsは、環境、経済、社会に関わる17の目標を掲げていますが、実はそれらの目標は、コーヒー業界がSDGs以前から取り組んできた課題の縮図でもあります。つまり、世界中のコーヒー生産農家が将来世代のために日常的に実践していることの多くは、SDGsの目標達成に向けた取り組みをすでに体現化しているのです。

このようにSDGsと関連性の深いコーヒーですが、毎日楽しむコーヒーを選ぶ基準に「ＳＤＧｓへの貢献」を挙げる方は、日本ではまだ少ないのではないでしょうか。その状況を変えるためには、日本のコーヒー業界自体が、よりサステイナブルに生まれ変わる必要があります。

ＳＤＧｓは、「気候変動に関する国際連合枠組条約」のように法的な拘束力を持つ合意ではありません。２０３０年に目標を達成することを目指して、各国が取り組みの内容や方法を考え、自らのペースで、貢献していくことが可能なのです。

とはいえＳＤＧｓは、決して今までの活動に紐付けるだけで終わってよいものではありません。必要な変革を起こし、実践していくべきものです。むしろ、セクターの枠を超え、パートナーシップで着々と目標を実現するために、法的拘束力を持たせず、発想豊かに取り組む方法が取られたのです。

話は前後しますが、１９７５年に18歳でエルサルバドルの国立コーヒー研究所に留学して以来、世界中の産地を訪問しながらコーヒーと共に人生を歩んできた私が、初めて「サステイナブルコーヒー」という言葉を知ったのは、１９９５年にアメリカスペシャルティコーヒー協会の年次総会で講演を聞いたときでした。

私は日本の大手コーヒー会社の社員として、ハワイ島をベースに世界中のコーヒー産地で農園開発や買い付けに携わっていましたが、そんな私でさえ、当時はその言葉の意味がいまひとつ納得できませんでした。

その後、コーヒーの国際価格が大暴落し「コーヒー危機」と言われた2001年から2003年にかけては、生産者にとって損益分岐点の半分程度の相場が続き、生産者の夜逃げや一家離散を目の当たりにして、売れないコーヒーが廃棄されていくのを胸を締め付けられる思いで見てきました。銀行管理となったコーヒー畑は、樹が切り倒され、牧草地に変わっていきました。持続不可能になったコーヒーやコーヒー畑を見て、その頃頻繁に耳にするようになった「サステイナブルコーヒー」という言葉の重さを痛感したのです。

しかしその最中も消費国のコーヒー業界は、国際価格が暴落していることを消費者に告げもせず、値下げもせずに利益を享受していたのです。帰国する度に、社内外で生産者が生きていけない産地の現状を伝え、品質に見合った価格を支払う必要があると訴えましたが、私の話に耳を傾ける人はいませんでした。コーヒーの危機を現場で見てきた私は、生産国と消費国の間にはこれほどまでに大きな壁があり、また消費国のコーヒー業界と一般消費者の間にはそれ以上の壁があることを思い知らされたのです。

1990年代から中南米の生産国では、環境保護に留意した栽培や精選方法の研究が始まり、労働者の労働・住居環境の改善や子弟の教育に取り組む農園が増えてきました。しかしコーヒーの国際相場が低迷すれば、それを継続することも不可能になります。消費者が、安全で美味（おい）しいコーヒーを飲み続けるためには、生産者が安心して生産できる環境が必要です。それをもっと多くの人々に知らせなくてはならないと痛感しました。

この本の執筆者として名を連ねている我々3人は、大学教授（池本幸生）、開発援助に携わる国際NGOの元職員（山下加夏）、コーヒーハンター（川島良彰）として、それぞれの世界で長く活動してきました。実は、この3人がそれぞれ異なる立場で、よりサステイナブルな未来を築くために必要だと判断し、手掛けた仕事が、まさにコーヒーだったのです。

一気に普及啓発が進みつつあるSDGsを、コーヒーを通して紐解くことを目的に、3人で執筆した『コーヒーで読み解くSDGs』は、単行本として2021年3月に発売され、お陰様で多くの方々から大きな反響をいただきました。高校や大学の授業で使っていただいているという声も届いており、大変うれしく思っております。
今回の新書版では、単行本のエッセンスはそのままに、よりシンプルな形で私たちのメッセージをお伝えしたいと思います。コーヒーを通じてＳＤＧｓに貢献できることを、皆さんに気づいていただき、皆さんが持たれているコーヒーの価値観を変える一助になれば幸いです。

Ｊｏｓé．川島良彰

コーヒーで読み解くSDGs／目次

序章　SDGsと持続可能な開発

▼ゴール1▲ 貧困をなくそう
あらゆる形の貧困を終わらせる

「コーヒー危機」と貧困

▼ゴール2▲ 飢餓をゼロに

飢餓を撲滅し、食料の安全保障と栄養改善を実現し、持続可能な農業を促進する

コーヒー生産で飢餓から脱する

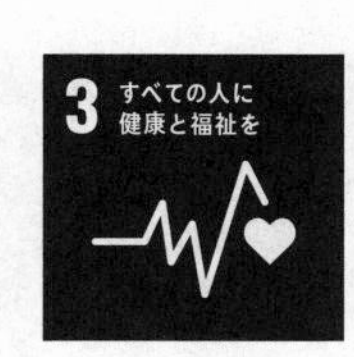

▼ゴール3▲すべての人に健康と福祉を
すべての人の健康的な生活を確保し、福祉を推進する

コーヒーがもたらす健康と福祉

▼ゴール4▲ 質の高い教育をみんなに

すべての人に包摂的で公平な質の高い教育を保障し、
生涯学習を受ける機会を与える

コーヒーがもたらす教育

▼ゴール5▲ ジェンダー平等を実現しよう

ジェンダー平等を達成し、すべての女性と女児をエンパワーする

6 安全な水とトイレを世界中に

▼ゴール6▲ 安全な水とトイレを世界中に

すべての人がきれいな水と衛生施設を利用できるようにする

7 エネルギーをみんなに そしてクリーンに

▼ゴール7▲ エネルギーをみんなにそしてクリーンに

すべての人に手ごろで信頼でき、持続可能かつ近代的なエネルギーへのアクセスを確保する

コーヒーとクリーンエネルギー

▼ゴール8▲　働きがいも経済成長も

包摂的で持続可能な経済成長を促進し、すべての人のために生産的な雇用と働きがいのある人間らしい仕事を提供する

コーヒーが生み出す働きがい

▼ゴール9▲ 産業と技術革新の基盤をつくろう

強靭なインフラを整備し、
包摂的で持続可能な産業化と技術革新を推進する

コーヒーの技術革新

▼ゴール10▲ 人や国の不平等をなくそう

国内及び国家間の格差を是正する

▼ゴール11▲住み続けられるまちづくりを
人間の居住空間を包摂的で安全で強靭かつ持続可能なものにする

12 つくる責任 つかう責任

▼ゴール12▲ つくる責任 つかう責任
消費と生産を持続可能なものにする

コーヒーをつくる人の責任と飲む人の責任

▼ゴール13▲ 気候変動に具体的な対策を

気候変動とその影響に立ち向かうため、緊急対策を練る

コーヒーの気候変動対策

▼ゴール14▲ 海の豊かさを守ろう

海と海洋資源を保全し、持続可能な形で利用する

コーヒーで守る海の豊かさ

15
陸の豊かさも
守ろう

▼ゴール15▲ 陸の豊かさも守ろう

陸域生態系を保護するとともに持続可能な利用を促進し、森林を持続可能な形で管理し、砂漠化と戦い、土地の劣化と生物多様性の損失を阻止する

▼ゴール16▲平和と公正をすべての人に
持続可能な開発のために平和で包摂的な社会を推進し、すべての人が司法にアクセスできるようにし、効果的で責任ある包摂的な制度を構築する

▼ゴール17▲ パートナーシップで目標を達成しよう

持続可能な開発に向けて実施手段を強化し、
グローバル・パートナーシップを活性化する

コーヒーのパートナーシップ

※ゴール要訳：池本幸生

[序章]

SDGsと
持続可能な開発

SUSTAINABLE
DEVELOPMENT
GOALS

1970年代から危惧されていた「持続可能性」

ＳＤＧｓとは、Sustainable Development Goals の略です。最後のｓは、Goals のｓ、つまり複数のｓ、を表しますので、「エス・ディー・ジーズ」と読みます。

日本語では「持続可能な開発目標」と訳され、「持続可能な開発」を達成するための目標を具体的に示したものです。そこで、ＳＤＧｓを理解するために、まず「持続可能な開発」とは何かを理解しておきましょう。

そもそも「開発」（Development）とは、なんでしょうか。

辞書を引いてみると、「土地・森林・水・鉱産物などの天然資源を活用して生活や産業に役立てること」（明鏡国語辞典）と書かれています。

開発には確かに「土地・森林・水・鉱産物などの天然資源」が必要です。工場を建てるために土地を造成したり、木材にするために森林を伐採したり、農業用水や工業用水として水を利用したり、工業の原料として天然資源を利用したりします。

しかし、むやみに開発が進めば、やがて天然資源は枯渇するでしょう。それと同時に環境破壊も深刻になります。二酸化炭素のような温室効果ガスを排出し続ければ、地球は温暖化へと突き進むことにもなります。

天然資源の枯渇が現実的な問題として捉えられるようになったのは、1970年代の初めくらいです。先進国では公害問題も深刻になってきており、アメリカでは1960年代から自動車の排出ガス規制が強化されるなど、環境保護の観点から、先進国の経済成長に制約を課す必要が叫ばれるようになっていったのです。

1972年に、スウェーデンのストックホルムで開催されたのが、113カ国が参加した「国際連合人間環境会議」です。

これは世界的規模で環境問題を考えた最初の会議であり、「かけがえのない地球」(Only One Earth)というスローガンが掲げられました。そこで採択されたのが、有名な「人間環境宣言」(ストックホルム宣言)で、「現在及び将来の世代のために人間環境を擁護し向上させることは、人類にとって至上の目標、すなわち平和と、世界的な経済社会発展の基本的かつ確立した目標と相並び、かつ調和を保って追求されるべき目標となった」ことが明確に宣言されました。のちに広がる「持続可能性」という概念の鍵となる「将来の世代」という言葉は、このときすでに出ていたのです。

この流れを受け、先進諸国の間では環境保護への関心が高まっていきましたが、その一方で、急速な工業化を進めていた中国やインドなどの開発途上国は、さらなる発展に向け、環境保護より開発を求めようとする姿勢を崩すことはありませんでした。途上国にとって環境保護は先進国の「ぜいたく」と映り、先進国が環境保護を求めることは開発途上国の発展を妨げるものだとして強く反発したのです。その結果、中国とインドは今や、それぞれ世界第1位と第3位の二酸化炭素排出大国となるまでに「発展」を遂げているのです。

その背景には、国内での公害規制が厳しくなった先進国の多くの企業が、公害規制の緩い開発途上国への工場移転を推し進めたという事実もあります。工業化を進めたい開発途上国にとって工場の受け入れは非常に魅力的ですが、それは同時に公害をも受け入れることを意味しており、このような「公害輸出」は地球環境を悪化させる大きな原因になったのです。

このままでは、地球を守ることはできない。

では、「開発」と「環境保護」にどう折り合いをつけるか。

その課題に対する答えとして生まれたいわば妥協の産物が「持続可能な開発」という概念なのです。

持続可能な開発とは何か

1972年の「国連人間環境会議」から15年が経った1987年、当時ノルウェー首相だったブルントラント氏が委員長を務める「環境と開発に関する世界委員会」（通称、ブルントラント委員会）が「地球の未来を守るために」（Our Common Future／通称「ブルントラント報告」）というレポートをまとめました。

このレポートに大きな意味があるのは、「持続可能な開発」という概念が初めて明確に提示されたからです。

「持続可能性」という言葉が意味するのは、「将来世代のニーズを損なうことなく、今の世代のニーズを満たすこと」、そして、「将来世代が今の世代と少なくとも同様のレベルの暮らしができること」です。

言い換えれば、今の世代が資源を使い尽くして、将来世代が使える資源がなくなったり、今の世代が環境を破壊して、将来世代が良好な環境で暮らせなくなったりすることは、「持続可能性」に反する開発だということになります。

ブルントラント報告では、環境を守るために経済成長にブレーキをかけ、経済発展がもっと環境にやさしい形で行われることを求めていました。ただし、決して開発自体を否定しているわけではなく、「環境保全を考慮した節度ある開発が重要である」ことを強調したのです。

ブルントラント報告から5年後、つまり1972年の「国連人間環境会議」から20年を過ぎた1992年には、「地球サミット」（正式名称「環境と開発に関する国連会議」）がブラジルのリオデジャネイロで開催されました。

この会議で採択された「環境と開発に関するリオ宣言」では、「持続可能な開発」を進めるための27の基本原則が示されました。そしてそのための行動計画となる「アジェンダ21」では、環境や資源の保護だけではなく、貧困の撲滅などの社会経済的課題にも言及されています。

この会議で「地球温暖化防止条約」(正式には「気候変動に関する国際連合枠組条約」)が採択され、地球温暖化に取り組むための国際的な枠組みも設定されました。この条約は、二酸化炭素などの温室効果ガスが地球の温暖化をもたらし、自然環境に悪影響を及ぼすことを認め、温室効果ガスの排出を抑制していくことで各国が合意したのです。

この「地球温暖化防止条約」については、締約国会議（ＣＯＰ）が１９９５年から毎年開かれています。1997年に京都で開催された第3回締約国会議（COP3）では、法的拘束力を持つ数値目標が「京都議定書」として採択され、先進国は2008年から2012年の5年間に1990年と比べて温室効果ガスの排出を6～8％程度削減する目標を掲げました（ただし、アメリカはこれを批准していません）。

2015年にパリで開かれたCOP21（第21回締約国会議）では、2020年以降の枠組みを定めた「パリ協定」に世界のほとんどの国が合意しました。翌年には温室効果ガス排出大国である中国とアメリカも批准しました。アメリカは2017年に協定から一度離脱しましたが、バイデン大統領が就任した後に再び復帰しています。

なお、「アジェンダ21」については、53カ国で構成される「持続可能な開発委員会」がその着実な実施に向けて国際的なモニタリングやレビューを行っていますが、これは、国連の「持続可能性」への危機感を物語るものだと言ってよいでしょう。

MDGsとSDGs

「アジェンダ21」に続く行動計画として、2015年にニューヨークの国連本部での「国連持続可能な開発サミット」において採択されたのが、2030年までの行動計画である「2030アジェンダ」です。

それを実現させるための目標として掲げられたのが、この本のテーマであるSDGsです。

ただし実は、SDGsには前身となるものがあります。

それが新しいミレニアム（千年紀）を迎えた2000年に国連で採択されたMDGsです。

MDGs（Millennium Development Goals）とは「ミレニアム開発目標」という意味ですが、そこでは開発途上国を対象とした2015年までの開発目標が設定されました。

MDGsは以下の8つの目標から成っています。

1 極度の貧困と飢餓の撲滅
2 普遍的な初等教育の達成
3 ジェンダー平等の推進と女性の地位向上
4 乳幼児死亡率の削減

5　妊産婦の健康の改善
6　HIV／AIDS（エイズ）、マラリア、その他の疾病の蔓延防止
7　環境の持続可能性の確保
8　開発のためのグローバルなパートナーシップの推進

2015年に採択されたSDGsは、MDGsを引き継ぐものですが、大きな違いは、MDGsがその対象を開発途上国に限定しているのに対し、SDGsでは先進国も含めた全世界で取り組むべき課題としている点です。

ここには、これまでの経済成長を追求する先進国のやり方が富裕層に有利に働いて所得格差を拡大させた一方、環境を破壊し、貧困などの問題を放置し、状況を悪化させてきたことへの反省が含まれています。開発途上国の環境破壊や貧困の責任が、先進国にあるケースは枚挙にいとまがないことに多くの人はすでに気づいていたのです。

また、MDGsの8つの目標は課題を縦型に分けており、途上国での対応もそれぞれ別々に行われがちでした。例えば、環境の課題に言及しているのは目標7の一つだけですが、実際には貧困や飢餓、教育、HIV／AIDS（エイズ）やマラリア・疾

病の蔓延など、どの課題も環境問題と深く関連しています。様々な課題が複雑に絡み合い、さらなる格差を生み出していく構図には個別に対応をしていても限界があったのです。この点は開発途上国で課題に直面する人々が日々の暮らしの中で長く実感してきたものでしたが、その問題の本質がＭＤＧｓを経て国連の目標に反映されるようになるには時間がかかりました。

２０１６年、スウェーデンのストックホルム・レジリエンス・センターのヨハン・ロックストローム博士らはＳＤＧｓをウェディングケーキを用いて解説しました。それをわかりやすく示したのが巻頭のカラーページ①の概念イメージ図です。環境の基盤があって社会が成り立ち、人間の経済活動が可能となる中で、ＳＤＧｓのすべての目標は互いに作用しながら、私たちの世界を作り上げているというわけです。

ＳＤＧｓに無関係な国や無関係な人は存在しません。

ＳＤＧｓでは、「持続可能な未来」に向け、「誰一人取り残さない」（No one will be left behind）がキーワードになっています。これは「包摂性（インクルージョン）」と呼ばれています。ＳＤＧｓのゴールとターゲットもそれぞれ「統合され不可分のもの」となっており、全世界の国と人々が一丸となって取り組むべき目標なのです。

コーヒーで考える「サステイナビリティ」

ＳＤＧｓが「全世界の国と人々が一丸となって取り組むべき目標」であるということは、今、これを読んでいるあなたもその一人です。つまり、ＳＤＧｓはあなたの目標でもあるのです。

個人の目標として捉えるにはあまりにもスケールが大きすぎると感じるかもしれませんが、決してそんなことはありません。その達成のために私たち一人一人ができることは、あなたが思う以上にたくさんあります。例えば、マイバッグ持参で買い物に行くことも、ＳＤＧｓの達成に向けた大切な行動の一つですし、もっと基本的なことを言えば、一つ一つの現象を、「果たしてこれは持続可能なのだろうか」という視点で考える姿勢を持つことが、その第一歩になるのです。

ＳＤＧｓは、様々な切り口で考えることができるテーマです。

そこでこの本では、多くの人にとって身近な飲み物である（もしかしたら、今もあなたのすぐ横にあるかもしれない）コーヒーを切り口として、ＳＤＧｓについて考えていきたいと思います。あなたがいつも（もしかすると今も）飲んでいる「美味しいコーヒー」が、将来の世代も飲み続けられること、つまり「持続可能」な「サステイナブルコーヒー」であることを阻む問題は何なのか、それを解消するには何が必要なのか、そのために自分たちは何ができるのか――。それを考えることを通じて、SDGsへの理解を深めていただきたいのです。

そもそも「美味しいコーヒー」とはいったいどのようなものを指すのでしょうか。

もし、カップテスト（品質鑑定）の結果は申し分ないとしても、それが開発途上国のコーヒー生産者の貧困の上に成り立っているとしたら、あなたは心から「美味しい」と思えるでしょうか。あるいは、それを生産することが後戻りできないほどの環境破壊と引き換えであるとしたら？ コーヒー生産によって生産国の自然災害が誘発されているとしたら？

「だからと言って自分にできることはない」とあなたは思うかもしれません。

しかし、「全世界の国と人々が一丸となって取り組むべき目標」であるSDGsのゴール12（「つくる責任 つかう責任」）でも挙げられているように、消費者であるあなたにも果たすべき責任があるのです。

では、「サステイナブルコーヒー」のために私たちは何ができるのでしょうか。

それは、遠く離れたコーヒーの産地で何が起こっているのか、つまり、目の前のコーヒーカップに注がれたコーヒーにはどんな「ストーリー」があるのかを正しく知り、それを自分の選択や行動に活かすことです。

さあ、さっそく「サステイナブルコーヒー」のための旅の第一歩を踏み出しましょう。

《コーヒーの品種について》

コーヒー樹は（正式には「コーヒーノキ」）はアカネ科のコフィア（Coffea）属（Genus）に分類されます。

コフィア属には、数多くの種（Species）がありますが、商業用として栽培されているコーヒーはそのほとんどがアラビカ種かロブスタ種に二分されます。

原産地はエチオピアであるものの、イエメンを経由して世界に広がったことからその名がついたアラビカ種は、学名では「Coffea arabica L.」（省略して、C. arabica L.）と表記されます。ティピカやブルボンという名前を聞いたことがある人は多いでしょうが、これらはアラビカ種の中の変種（Variety）の一つです。

アラビカ種の特徴としては、同じ木に咲く花同士で交配できる自家稔性であること、乾季が必要で、寒暖差が大きいほど品質が良くなる、ということが挙げられます。

一方、ロブスタ種の学名は「Coffea canephora var.robusta」です。「コフィア属のカネフォラ種に属するロブスタ」という意味なので、ロブスタという名前は本当は変種（Variety）名なのです。アラビカと並べた表現をするなら本来カネフォラと呼ぶべきところなのですが、実際には多くの場合、ロブスタが用いられています。そこで本書でもあえて「ロブスタ種」と表記しています。

「Robust（頑強な）」にその由来をもつ名前が示す通り、病気に強く、高温多湿でも育つというのがロブスタ種の特徴です。

ざっくりとしたイメージとしては、「手間はかかるが高品質のアラビカ種」「風味は劣るが大量生産が可能なロブスタ種」と覚えておくとわかりやすいかもしれません。

コーヒーの変種にはほかにも様々なものがあり、ブルボンの突然変異種の「カトゥーラ」とアラビカ種とロブスタ種が自然交配してできた「ハイブリッド・ティモール」を交配させ、アラビカ種の味の良さとロブスタ種の強さの両方の特徴を受け継がせた「カティモール」なども登場しています。

なお本書では、Variety に当たる変種の記述は省きました。

■本書の用語解説（五十音順）

【アグロフォレストリー】

農業（Agriculture）と林業（Forestry）を組み合わせた造語であり、樹木を植え、その間の土地で農作物を栽培したり、家畜を飼ったりする農業の方法。

【温暖化係数】

温室効果ガスが大気中に放出されたときの影響を二酸化炭素を基準として計算し、ほかの温室効果ガスがどれだけ温暖化に対する能力があるかを表した数字のこと。

【コーヒーベリーボアラー】

学術名は「Hypothenemus hampei」。生長過程のコーヒーの実に穴を開け卵を産み、幼虫がコーヒーの実を食べて成長する害虫。以前は、劇薬を使って駆除してきたが、人間を含む他の生物への悪影響があり問題となった。最近では、毒性の低い農薬を必要最低限使うか、主に天敵を使ったり、罠（わな）を仕掛けたり、また発生しにくい環境を作り対応している。

【コロンビアコーヒー生産者連合会（FNC）】

1927年、コロンビアのコーヒー生産者たちの手により設立された民主的な組織。56万以上のコーヒー生産者が加盟する、世界有数の規模を誇る農業関連NGO。高品質なコーヒーの安定した生産や、生産者のより良い暮らしを実現し、コロンビアコーヒーが「The Richest Coffee in the World®」（世界一リッチなコーヒー）として認知されるよう活動している。コーヒー生豆及びコーヒー製品の輸出も担う。

【サングロウン】

日陰樹（シェイドツリー）を使わず、コーヒー樹を単一に栽培する農法。収穫性を上げるためにコーヒー樹を高い密度に植え、シェイドグロウンに比べて農薬や肥料が多く必要となる傾向がある。

【シェイドグロウン】

日陰樹である高木や果樹の下にコーヒー樹を植え、コーヒー樹や土壌への日光の照射量を調整する農法。適切に管理されれば、農薬や肥料の使用を減らすことができ、多様な植栽は生物多様性の保全にも貢献する。

【水洗処理方式（ウォッシュド）】
コーヒーチェリーの果皮・果肉を取り除き、パーチメントの状態で乾燥し、乾燥後にパーチメントを脱殻する方法。

【精選】
収穫したコーヒーチェリーを、焙煎（ばいせん）前の生豆までに加工する作業。大きく2つの工程に分けられる。第1の工程はチェリーから乾燥までで、これには何通りか方法がある。第2の工程では乾燥後の脱殻を経て、浮力、サイズ、密度で等級別に分けられる。

【線虫】
土壌にいる1㎜以下の線形動物で、側根に寄生し養分を取る。線虫が寄生した根にはコブができ、木は養分が吸収できず枯れてしまう。以前は、殺線虫剤を使用していたが、劇薬で環境破壊や人的被害がありコーヒー農園での使用は禁止された。

【テラス造成法】

土壌流出を防止し、効率的な作業ができるように急斜面に造成した畑。等高線に沿って畝と作業道を作りコーヒーを植える。大掛かりな工事をしないで、生産者が簡単に畑作りをできる。

【パーチメント（コーヒー）】

パーチメントは、コーヒーの薄い皮のことで、羊皮紙のような黄色みがかったクリーム色をしている。中に豆が入っているものは「パーチメントコーヒー」だが、通称で「パーチメント」と呼ばれることもある。

【バリューチェーン】

バリュー（価値）のチェーン（連鎖）という意味であり、「価値連鎖」と訳されることもある。製品が様々な段階を経て消費者に届くまでの、それぞれの段階で生まれる付加価値の流れ全体を捉える考え方である。

【非水洗処理方法（ナチュラル）】

非水洗式加工（アンウォッシュド）とも言う。コーヒーチェリーを、果皮が付いたまま乾燥後、果皮、果肉、パーチメントを一度に脱殻する方法。

【ファーメンテーション】

ミューシレージを取り除く作業。ミューシレージが付いたパーチメントを発酵槽に入れ、自然に分解・剥離させるナチュラル・ファーメンテーションと、機械でミューシレージを取り除くメカニカル・ファーメンテーションがある。

【ミューシレージ】

パーチメントの表面に付いた粘質。

「コーヒー危機」と貧困

No Poverty

消費者が気づかないコーヒー生産者の貧困

「貧困」とは、最低限の暮らしに必要な所得がなく、生活が困窮したときに救済してくれる制度もなく、お金を借りることもできず、自然災害などの影響をまともに受け、そこから立ち直ることもできないような状態を指しています。社会から排除され、普通の暮らしができない状態がまさに貧困であり、ヨーロッパなどでは貧困という言葉に代わるものとして「社会的排除」(Social Exclusion)という表現が用いられています。

日本国憲法の第25条は生存権として「すべて国民は、健康で文化的な最低限度の生活を営む権利を有する」と規定していますが、言い方を変えれば、貧困とは「健康で文化的な最低限度の生活」ができない状態を指しています。

つまり貧困は、社会の問題として取り組むべき課題なのです。個人の責任だとして突き放すことはできません。排除された人々が社会の中で暮らしていけるようにする「インクルージョン」(社会的包摂、ソーシャルインクルージョン)が必要なのです。

日本にはもはや貧困は存在しないかのように考えがちですが、それは貧困を飢餓の問題と取り違えているせいです。実際にはホームレスやネットカフェ難民など貧困に関わる大きな課題は山積みであり、子どもの貧困も、今では大きな社会問題となっています。

さらに世界に目を向ければ、実は深い関わりがあるにもかかわらず、多くの日本人が気づいていない様々な貧困が存在しているのです。


その一つが、世界のコーヒー生産者の貧困です。実は、2000年代の初めにはコーヒー価格が暴落し、世界は「コーヒー危機」に陥っていました。

けれども日本でそのようなニュースを見る機会はほとんどありませんでした。だから日本の消費者は、そのような状況に気づくことなく、安いコーヒーを楽しんできたのです。

もしあなたが飲んでいるコーヒーが、開発途上国のコーヒー生産者に貧困という犠牲を強いているのだとしたら……。

あなたはそれでもそのコーヒーを「美味しい」と感じることはできますか?

コーヒーの国際価格の変動と「コーヒー危機」

51ページのグラフは、1976年から2022年にかけてのコーヒー（アラビカ種とロブスタ種）の国際価格の推移を示しています。

両者の価格はほぼ同じように変動し、どちらも8〜9年に1回くらいの頻度で価格の高騰が起こっているのがわかるでしょう。

価格高騰の原因の多くは、世界第1位のコーヒー輸出国であるブラジルでの不作にあります。ブラジルは世界のコーヒーの3割以上を生産しているコーヒー大国であるため、その影響がダイレクトに価格に反映されてしまうのです。

コーヒーの不作を引き起こす原因は、干ばつや霜害です。そもそもコーヒー樹は気候の変化に弱いという特徴があり、雨季に十分な雨が降らなかったり、冬に霜が降りると、すぐに枯れてしまいます。つまり、気候に大きく左右されるコーヒーは、安定した生産量を維持するのが他の農作物以上に難しく、それが価格変動を大きくしている一因となっているのです。

グラフを詳しく見ると1977年4月、1986年1月、1994年9月に現れた価格高騰のピークの間隔はそれぞれ8年9カ月と8年8カ月であり、ほぼ同じ間隔になっています。ところが、その次のピークは1997年5月に訪れていて、その前のピークからわずか2年8カ月しか経っていません。

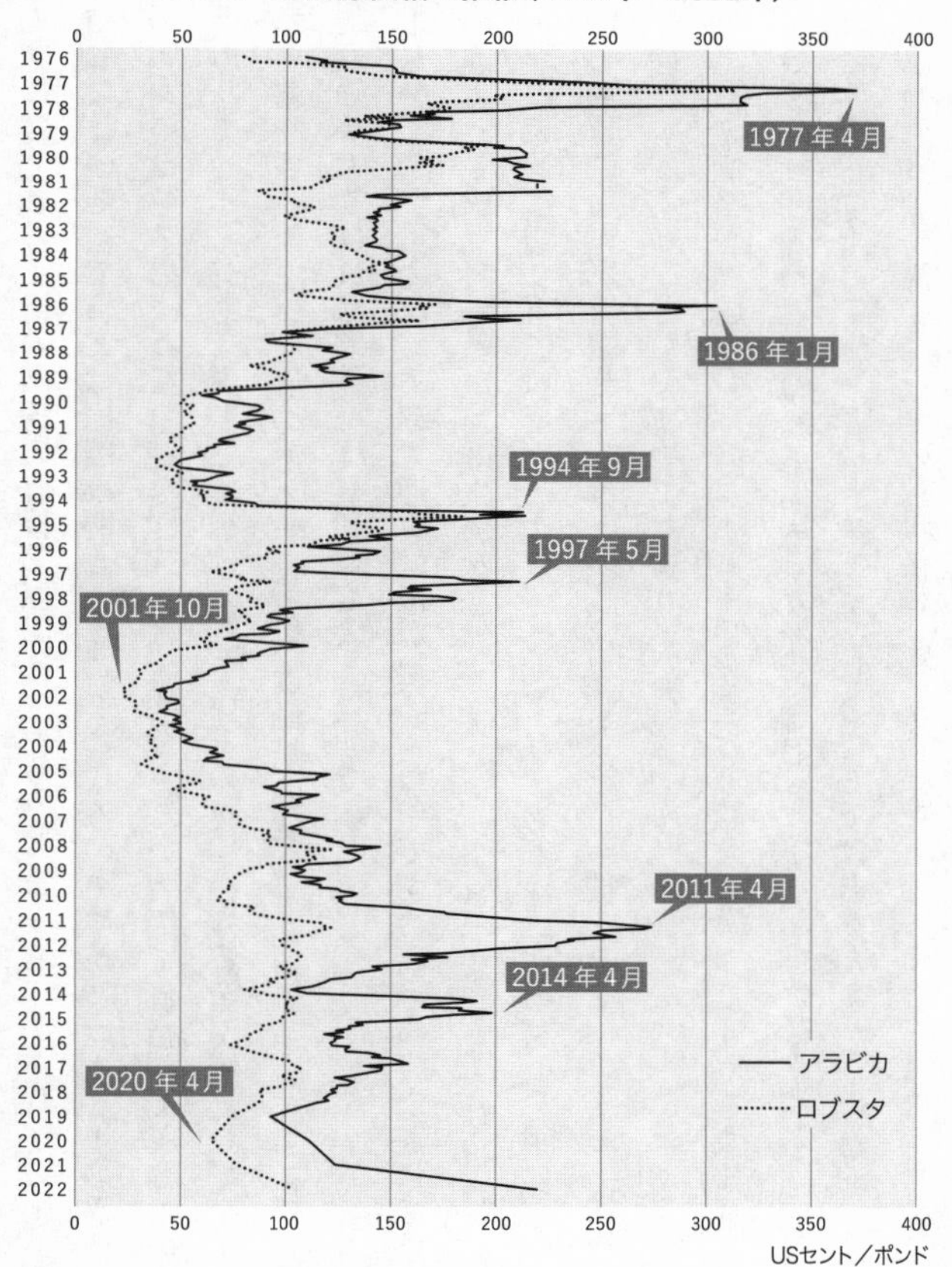

ICO：International Coffee Organizationの月次データより作成。
注）アラビカはICO統計のうちブラジルの価格を用いた。

実はこのときの価格の高騰の直接の原因は、ブラジルコーヒーの不作ではありませんでした。ひと言で言えば原因不明ということになるのですが、コーヒーの需要と供給のアンバランスのような単純な図式では説明できない要因で価格が高騰したのは間違いありません。有力な説として挙げられているのが、投機資金が流入してコーヒー価格を暴騰させたというものです。投資家は価格の変動を利用して利益を得るので、価格変動が大きければ大きいほど利益も大きいのです。

1997年と言えば、アジア通貨危機が起こった年です。高めに設定されていたタイの通貨バーツに目をつけた欧米のヘッジファンドが大量の空売りを仕掛けたため、バーツは大幅な切り下げに追い込まれ、ヘッジファンドは巨額の利益を手にしました。一国の通貨政策に影響を与えるほどの豊富な資金を持つ彼らなら、コーヒー市場の価格を操作することなどたやすいでしょう。

コーヒー価格が高騰すれば、コーヒー生産者は収穫したコーヒー豆を高く売ることができます。生産コストは変わらないので、価格が上がった分、利益は膨らみます。これ自体は、コーヒー生産者にとって望ましいことではありますが、作為的に作られたと思われる価格高騰は、その数年後に悲惨な結果をもたらすことになったのです。

一時的な成功物語がもたらした苦しみ

1994年と1997年のコーヒー価格高騰の恩恵を受けたのがベトナムでした。

1986年に「ドイモイ（刷新）」と呼ばれる自由化政策を採用して市場経済の導入に舵を切ったベトナムは、米やコショウ、そしてコーヒーの生産量を飛躍的に増やすことに成功しました。

そんなベトナムの追い風になったのは、世界のコーヒー供給量を調整してきた「国際コーヒー協定」が1989年に崩壊したことです。これによって各国の輸出量の上限が事実上撤廃されたため、大量に生産して大量に輸出することが可能になったのです。

ブラジルで生産されるコーヒーはその7割が「アラビカ種」ですが、ベトナムの主要なコーヒーの産地である中部高原は標高600メートル程度と低いため、生産されるのはそのほとんどが低地でも栽培可能な「ロブスタ種」です。

ロブスタ種は、風味の面ではアラビカ種に劣るものの、病気に強く、栽培に手間がかからないため、アラビカ種より生産コストをずっと安価に抑えることができるという強みがあります。しかも、勤勉で研究熱心なベトナム人の国民性によって、1ヘクタール当たり2~3トンにものぼる高い生産性を実現させたため、高いコストパフォーマンスを実現しました。単純な比較はできないものの、他の国々では1ヘクタール当たり1トンというのが平均的な値であることを考えれば、これは驚異的な数字だと言えるでしょう。

古くからコーヒーの栽培を続けてきたラムドン省のある村は、1994年と1997年のコーヒー価格の高騰の恩恵を存分に受け、「コーヒー長者村」と呼ばれるまでになりました。大金を手にした人々は家を建て替え、村の学校も立派なものに建て替えられました。中には「コーヒー御殿」と呼ばれるほどの立派な家を建てた人もいたと言います。このような成功を収めた「コーヒー村」が、中部高原にはたくさん生まれていたのです。

「コーヒー村」での成功物語はベトナム全土に知れ渡り、同じように成功を夢見る人たちが次々と中部高原にやってきては、コーヒー樹を植え始めました。最初は単身でやってきて、収入が増えたのちに家族を呼び寄せた人も多かったそうです。人口密度が高く、1人当たりの農地面積がとても狭いベトナム北部の紅河デルタ地方の人から見れば、広大な中部高原は、まさにフロンティアだったのです。

新たにコーヒー農園を始めようとすれば、当然資金が必要です。家を売り払ったり、借金をした人もいたでしょう。それも軌道に乗るまでの辛抱だと、きっと多くの人は楽観的に考えていたに違いありません。

しかし、2000年にはブラジルのコーヒー生産量が回復し、国際価格も元の水準にすっかり下がってしまいます。しかも、その頃にはすでに多くの新規参入国によって供給過多の状況に陥っていたせいで、2001年の10月にはこれまでにない水準にまで国際価格が下がってしまいました。これがこの章の初めにもお話しした「コーヒー危機」です。

そもそもコーヒー樹は、収穫できるようになるまでには、少なくとも3年の年月を要します。1997年の高騰に反応してコーヒー樹を植え始めたベトナムの人たちは、3年間の辛抱を経て、やっと期待していた利益を得られるはずが、逆に大きな損害を被る事態になってしまったのです。しかもそれと同じことは新規にコーヒー栽培を始めた多くの開発途上国でも起こっています。

投機資金が作り出した一時的な価格高騰は、世界中の多くのコーヒー生産者に誤ったシグナルを送り、結果的に大きな苦しみを与えることになってしまいました。

近年起こっているコーヒー価格の下落も、実は投機家が仕掛けたものではないかという説があり、投機資金を排除する方法が模索され始めています。

人の不幸に付け込んで金儲けをすることは、ＳＤＧｓの10番目のゴール（人や国の不平等をなくそう）や、金融サービスを提供するという意味では12番目のゴール（つくる責任　つかう責任）にも反しています。金儲けのためなら何でもするマネーゲームが実体経済を傷つけ、「脆弱（ぜいじゃく）な人々」を苦しめている現実に、私たちはしっかり目を向けなくてはいけません。

コーヒーの公正な価格とは？

２００１年10月のコーヒー危機のとき、コーヒー価格は1ポンド42セントまで低下していました。その事実を果たしてどれだけの人が知っていたでしょうか。

コーヒー生産者が貧困に苦しめられていたまさにそのときも、先進国の消費者は何も知らずにコーヒーを楽しんでいたのです。

コーヒー生産者が手にできる利益が極めて小さいことで起こるのは、生産者を貧困に陥れるという問題だけではありません。生産者の収入が減れば、コーヒー栽培のための投資（肥料の購入や剪定（せんてい）の費用など）をする余裕がなくなります。そうすれば当然、生産性はもちろん、コーヒーの品質も低下していくでしょう。品質の落ちたコーヒーに消費者は魅力を失い、そのうちコーヒーを飲まなくなってしまう可能性だってあります。

この状況が続けば、コーヒー産業は持続可能な産業とは言えなくなってしまいます。経済活動を行う限り、利益を出すことはもちろん必要です。しかし、コーヒー農家を犠牲にしてまで利益を追求していては、コーヒー産業は衰退していく危険性がありま す。品質の良いコーヒーを、その品質に見合った適正な価格で生産者から購入し、その品質を理解した上で消費者に買ってもらえるようにすることが、コーヒー産業を地球レベルで持続可能にすることなのです。

２００１年のコーヒー危機の後、価格が上昇した時期もありましたが、２０１８年頃から再び世界のコーヒー価格は下落し、２０１９年には1ポンド1ドル（アラビカ価格）を下回る水準にまで下がっています。ブラジルとベトナムのコーヒー増産は続いていますが、一方で消費量がそれ以上に増えているので、価格の下落の原因は供給過剰によるものではなさそうです。

だとしたら、このような価格の下落の原因は何なのでしょうか。

明らかな証拠が示されているわけではないので推測の域を超えませんが、投機資金が価格を操作し、引き下げている可能性を指摘する声は多くあがっています。

「生産者の取り分1%」の本当の意味

あなたが1杯330円のコーヒーを飲むとき、その何%が生産者に届くと思いますか。

1杯のコーヒーを淹れるために、コーヒー豆10グラムを使うとして計算してみましょう。

このコーヒー豆は焙煎したものなので、生豆に換算すると12・5グラムになります。これを2020年5月8日時点での国際価格（1ポンド＝100セント）で換算すると約3・25円となります。つまり、1杯330円のコーヒーの約1%になります。国際価格は輸出価格であり、そのすべてが生産者の取り分になるわけではありません。生産から輸出までの段階で、精選や輸送のコストなどがかかっているため、生産者の取り分は1%よりもさらに小さくなってしまいます。

1%という数字を聞くと、その少なさにきっと驚かれることでしょう。しかしそれだけで、生産者は搾取されているとか、貧しいなどと言えるわけではありません。この数字をことさらに強調し、コーヒー産業は生産者を搾取するひどい産業だというイメージを印象付けようとする映画もありましたが、この解釈は正しくありません。

1杯のコーヒーの値段のうち、生産者の取り分が全体のたった1%だとしても、それだけでコーヒー農家が貧しいと決めつけることはできません。なぜならコーヒー農家が生産するコーヒー豆の総量が、最終的に何杯分のコーヒーになるのかという大事なポイントが一切考慮されていないからです。

もしそのコーヒー生産者が年間1トンのコーヒーの生豆を生産しているとすれば、1杯分12・5グラムとしてコーヒー8万杯分（100万グラム÷12・5グラム）になり、1杯当たり3円の取り分だとしても、収入は24万円になります。もし2トンとれるなら収入は倍の48万円になります。開発途上国の物価水準は低く、世界の貧困線は1人1日約2ドルに設定されています。国によって貧困線は異なりますが、24万円や48万円という額が、日本で考えるほど少ないとは言えません。妥当な収入がいくらかという問題はここでは置いておくとして、まずここで知ってほしいのは、「コーヒー1杯のうちの取り分が1%」という数字から生産者が貧困かどうかを推論することはできないということです。

　では、1％という数字の大きさの意味について考えてみましょう。

　日本で業務用（ホテル・レストラン用）として売られている安いコーヒー豆（粉）は1キログラム当たり1000円もしません。コーヒー1杯につき10グラムで計算すると、1杯当たりのコストは約10円で、コーヒーの値段が330円だとすると、コーヒー豆のコストはちょうど3％であり、本章のコラムで取り上げる「3％理論」に合致します。前述の1％より大きくなるのは、日本国内での焙煎費や輸送費などが含まれているためです。だから1％という数字はそれほど間違った数字ではありません。

　次に10グラム10円という値段について考えてみましょう。スーパーで売られている家庭用のコーヒー豆のうち、低価格のものは10グラム15円ほどで売られています。このコーヒー豆を使うなら、1杯330円の約4・5％になります。品質が良い豆であれば、さらに高くなります。

　フェアトレードのオーガニック・コーヒーだと、10グラム当たり50円くらいで売られています。そのとき、1杯330円に対して15％になります。

つまり、「たった1％」ということの本当の意味は、質の悪いコーヒーや、サステイナブルでないコーヒー豆を使っているということなのです。

コーヒー1杯の値段に占めるコーヒー豆のコストが1％であると言われると、コーヒーショップが、遠く離れた生産国の生産者に圧力をかけて値段を下げさせていると勘違いする人もいるかもしれませんが、日本の企業でそんなことをできるところはありません。そんなことができるのは、数多くの店舗を世界的に展開し、大量の生豆を生産国から直接買い付けするような巨大企業だけです。

「たった1％」がなぜ問題なのかというと、消費国が質の悪いコーヒーを飲まされているというだけでなく、低品質・低価格のコーヒー豆に対する需要が高まると、それに応じて生産国でも低品質・低価格のものを大量に作ろうとするようになるからです。生産者は、高品質のコーヒーを作ろうというインセンティブを失い、品質が低下していきます。ブラジルやベトナムが輸出量を伸ばしているのにはこのような背景があります。

どんなに品質が悪くても、大量のミルク、砂糖、生クリーム、フレーバーなどを加えてしまえば、品質の悪さも覆い隠すことができます。

子どもたちは甘いものが好きですが、それは健康に良いとは思えません。そういう飲み物を提供する側にも子どもたちの健康を考えるという「つくる責任」(ゴール12)があります。

低品質のコーヒーが国際価格の低迷をもたらしていることに気づき、そのような状況を変えるために、コーヒーの品質を重視する動きが起こっています。それが「スターバックス社」までの「セカンドウェーブ(第2の波)」に対して、「サードウェーブ(第3の波)」と呼ばれるものです。最近ではコーヒー専門店が増え、「スペシャルティコーヒー」が広く知られるようになってきました。

さて、「たった1%」と聞いたときの驚きはいったい何を物語っているのでしょうか。それは消費者である私たちが、自分が飲んでいるコーヒーのことをあまりにも知らなすぎるということなのです。

消費者としてはどうしても安さに目が向き、安いものを買ってしまいます。それは、品質を犠牲にして安さを求めているということであり、それが「たった1%」という状況をもたらしています。そう考えると、先進国の消費者も「搾取する側」にいるという事実が浮かび上がってきます。

フェアトレードが定義する「公正な価格」は、「生産者の持続可能な生産と生活を支える」ことが基準となっています。フェアトレード商品は高いと言われますが、もしそれが公正な価格の基準だとすると、それ以下の値段で買うことは不公正に加担しているのかもしれないと考えてみるのもよいでしょう。

消費者の「つかう責任」（ゴール12）には、公正な価格に見合った品質のコーヒーを選ぶことも含まれているはずです。

［COLUMN］消費者が美味しさに敏感になるべき理由とは？

消費者がそれを望むと望まざるとにかかわらず、日本には安いコーヒーほど重宝される、という現実があります。

その背景にあるのは「コーヒー1杯の原価率は3％以下」という日本の飲食業界の「常識」です。この常識がまかり通る限り、コーヒー1杯の価格の97％は、店の取り分になります。

他の飲み物や料理と比較してみましょう。

一般的に飲み物は原価率が低く利益を出しやすいと言われていますが、もっとも低いサワー系の飲み物でも10～20％、ビールは30％、ワインになると25～40％です。料理の原価率は20～30％、高級店ほど原価率が高くなる傾向があり、その多くは30％以上になります。もちろんアイテムごとの単価も高くなります。

これを見るといかにコーヒーの原価率が低いかおわかりでしょう。飲食業界において、コーヒーは、他のメニューでの原価率を下げるための緩衝材、もしくは調整弁のような役割になってしまっているのです。

高級レストランで提供される高品質のワインの場合は、原価率がさらに上がります。そうしないと売値が高くなりすぎてしまうからです。しかしコーヒーの場合は逆で、原価率はさらに下がります。なぜならば、高級レストランと言ってもコーヒーの品質にはこだわらず、店の格で価格が設定されることが多いからです。

消費国のコーヒー業界は、取引先にコーヒーの抽出器具の無料貸与や無償供与をする代わりに、長期契約を結ぶというビジネスモデルを作り、これが飲食業界の常識となっていました。その結果、どこのコーヒー会社と取引をするかを決める際の判断基準が、コーヒーの品質ではなく「どこが一番安く」「何を無料でくれるか」になってしまいました。

しかし、冷静に考えれば、利益が出ないのにコーヒー会社が無償で器具を提供するわけがありません。つまり、ホテルやレストランがコーヒーの対価として支払っているコーヒーの価格には、貸与したり供与したりする器具に関わる費用は少なからずコーヒーの卸価格に上乗せされているのです。その結果、ホテルやレストランには、実際に支払う卸価格に見合わない低品質のコーヒーが納品されます。高級レストランやホテルで、高いのに不味(まず)いコーヒーに出くわした経験があなたにもあるのではありませんか?

「原価率は3％以下」という悪しき習慣がまかり通る限り、コーヒー会社は、いかにして生豆を安く仕入れるかに必死になります。「とにかく安く」を強いられる輸入商社は、「とにかく安く」買い付けようとします。つまり、「3％以下」のしわ寄せは、結局遠い国の生産者に及んでいるのです。

もしも「3％以下の原価率」より、「美味しいコーヒー」の提供のほうにこだわるホテルやレストランが増えれば、コーヒー会社もただひたすら安いコーヒーではなく、納得のゆく価格で品質の良いコーヒーを輸入商社に問い合わせるようになります。品質に見合った価格を払うという当たり前のビジネスが成立すれば、輸入商社も適正な価格で、生産国にオファーできます。そうすれば生産者が不当に安い値段で搾取されることもなくなります。

実は最近日本では、「3％の呪縛」から自らを解放し、原価率を上げてでも美味しいコーヒーを提供しようとするホテルやレストランも少しずつ増え始めています。利益のためと割り切って不味いコーヒーを提供し続けるより、たとえ1杯当たりの利益は多少減っても「あの店のコーヒーは美味しい」という評判を得るほうが結果的には売り上げも上がることに経営者たちが気づき始めているのです。

またさらに良い傾向として、抽出器具は自前で揃えるホテルやレストランが生まれつつあります。器具の紐付き契約を結んでしまうと縛りが付き、途中でコーヒーを変えられません。コンビニコーヒーの台頭と昨今のコーヒーブームの影響で、コーヒーの見直しが始まっています。

では消費者の立場としてできることはなんでしょうか。

それはコーヒーの美味しさに敏感になり、本当に美味しいコーヒーを提供してくれる店を大いに応援することです。逆に金額に見合わない不味いコーヒーを出す店に対しては、その感想を率直にお店の人に伝えてください。

そのような声がどんどん大きくなれば、お店のほうも真剣にコーヒーの品質を考えるようになるでしょう。コーヒーが「安さ」だけを求められる存在から脱すれば、それは生産者と消費者の「不公平な関係」の解消にもつながるはずです。

コーヒー生産で飢餓から脱する

Zero Hunger

「コーヒー危機」がもたらした飢餓

飢餓の「飢」も「餓」も「うえる」と読みます。つまり「飢餓」とは読んで字のごとく、食べるものがなく、空腹を感じている状態を指しますが、問題なのはその状態がずっと続いて栄養状態が悪化し、健康にまで悪影響を及ぼすことです。

人々が飢餓に陥る原因は様々です。

例えば、干ばつなど異常気象や自然災害で食料生産が急激に減少することで起こることもありますし、あるいは、戦争やテロリズムのような人為的なものが原因になっているケースもあります。

このような場合は、飢餓が地域的な現象として起こっていることが多く、それ以外の地域では食料は十分に存在しているため、支援によって食料が提供されれば、比較的短期間で収まることもあります。逆に飢餓の状態が長続きしてしまうことがあれば、それは政府や国際社会の対応が不十分であるせいだと考えてよいでしょう。

また、どこかの国全体が飢饉に陥ってしまうようなときには、国連世界食糧計画（WFP）や国際協力によって食料支援が行われます。戦争によって難民になってしまった人たちには、国連難民高等弁務官事務所（UNHCR）や国際的に活動するNGO

による支援も行われています。

日本のような先進国の場合は、飢餓が個人のレベルで起こるケースが大半です。生活保護も受けられず、何の支援も受けられなかった人がひっそりと餓死していたという痛ましいニュースが報道されることがありますが、このような個人レベルの飢餓に対しては、社会がもっと細やかな対策を講じる必要があります。

さて、コーヒーは世界中でおよそ2、500万世帯の農家が従事すると言われる巨大産業であるがゆえに、コーヒー価格が大幅に下落すると、世界中のいたるところで飢餓が起こることがあります。特にコーヒーが主要農作物となる中南米はその影響が大きく、実際、2001年に起きた「コーヒー危機」（P49）の際には、中南米の多くのコーヒー生産者の暮らしが立ちゆかなくなり、多くの人々が慢性的な飢餓に陥りました。栄養失調に陥った挙句、生きるために農園を捨てて都市を目指し移動する姿も多く見られたのです。

「コーヒー危機」以降は、低迷するコーヒーの価格に危機感を抱く生産農家が、栽培する作物を多様化したり、他の仕事と兼業することも多く見られるようになりましたが、長い間コーヒー生産だけに頼ってきた開発途上国の資源の乏しい農村部で、コーヒー生産以外の産業を新たに興し、成功させることは至難の業です。

そのような地域では、引き続きコーヒー生産が主要な生計手段となっているため、政治情勢や天候の悪化など、様々な問題が複雑に絡み合い、飢餓が発生するケースは枚挙にいとまがありません。しかしそれと同時に、様々な理由で引き起こされる飢餓を、コーヒー生産を通じて克服する例も生まれています。

コーヒー生産を通じて飢餓を防ぐ

グアテマラやコロンビアなど、中南米のコーヒー生産地には山岳地帯の急斜面が多く、コーヒーの果実は一粒一粒丁寧に手摘みで収穫されます。

これらの国々では、山岳地帯に古来から居住する多くの先住民族の人々が、コーヒーの栽培や収穫、選別に従事しています。先住民族の人々は代々部族に伝わってきた独特の文化を有し、話す言葉も異なります。もともと彼らは自給自足の生活を送っていましたが、貨幣経済が導入された現代において、従来の暮らし方を続けることが難しくなっています。各国が遂げた経済成長からも取り残され、「貧困による飢餓や栄養不足」という問題に直面することになったのです。

成長期に十分な栄養を摂ることができず、発育不良で身長が十分に伸びないまま大人になった先住民族の人たちの中には、そのような栄養不足の生活が当たり前になってしまい、子どもを授かっても、親として子どもたちに栄養のある食事を与えることの重要性に気づくことができない人もいます。これはまさに負のループであり、一時的に食料を支援するだけでは問題の解決にはなりません。彼らが栄養バランスの取れた食事を規則正しく取ることの大切さを理解し、その習慣を身に付けることを後押しすることが大切なのです。

社会的配慮に優れた農園を訪問すると、多くの農園主が先住民族の人たちにとって学校教育が果たす役割の重要性を指摘します。読み書きや計算ができることが、将来の雇用機会を広げるために重要なのはもちろんですが、学校給食が果たす役割も決して小さくありません。労働者である親が農園で仕事をしている間に、子どもたちが学校に通えること、なおかつそこで栄養豊かな給食を食べる機会に恵まれることは、成長期にある子どもたちにとっては大変重要なことなのです。

グアテマラのサン・セバスティアン農園では、自分の農園の労働者に限らず、先住民族のすべての労働者の子どもたちのために農園内に小学校を開設していますが（こ

サン・セバスティアン農園にある学校の給食に並ぶ子どもたち

サン・セバスティアン農園で友達とおやつを楽しむ子どもたち

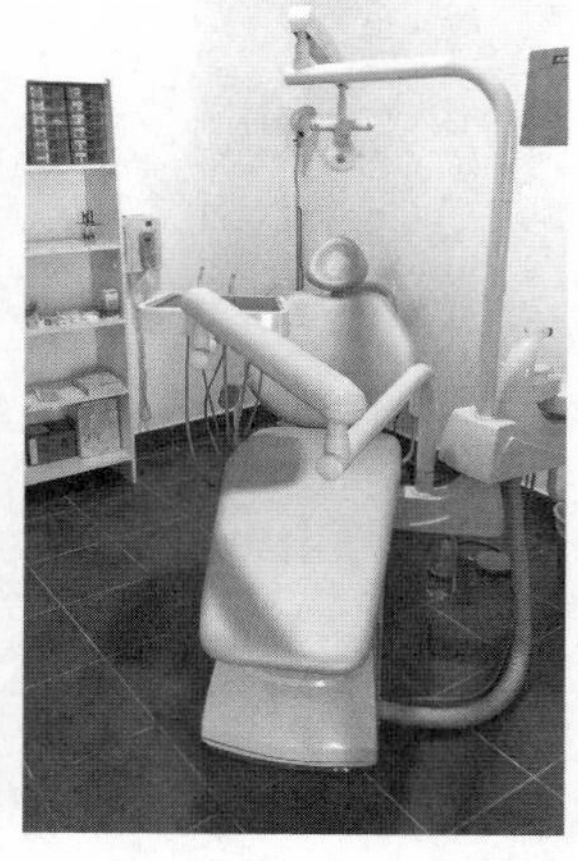

サン・ミゲル農園内クリニックの歯科。この他に一般の診察室と薬局が完備されている

の取り組みについては、第4章で詳しく取り上げます）、お昼休みには栄養豊かな給食も提供しており、昼食の時間は子どもたちにとって至福の時間になっています。どの子も笑顔で行儀よく並んで給食を受け取り、楽しそうに頬張ります。コーヒー農園が主体となるこの取り組みにより、子どもたちの栄養不足は大幅に改善されました。

なお、サン・セバスティアン農園に隣接する同じ一族が経営するサン・ミゲル農園にはクリニックも併設され、農園労働者とその家族及び地域住民たちの健康管理にも大きく貢献しています。

コーヒー生産とサハラ以南のアフリカにおける飢餓

世界で飢餓が特に深刻な問題となっている地域はアフリカのサハラ以南の地域です。コーヒー発祥の地として、コーヒーが国の主要輸出品目のトップを占めるエチオピアは干ばつの影響を受けやすく、慢性的な食料不足が発生しています。有数のコーヒー生産地域、ジンマにおける調査でも、コーヒー生産農家の66％以上に食料が不足していることが報告されています。

同調査では生産農家の若者の15％以上に栄養不足による発育不良が認められ、そのうち3・5%はかなり重症なものでした。世帯収入の低い生産農家で育った若者の発育不良は、実に世帯収入が多い家庭の6倍にものぼっています。

さらに、子どもの数が1人増えるごとに、発育不良の割合が20%も増加する傾向も報告されました。食料が慢性的に不足気味である中、家族が増えるともともと少ない食料をさらに分け与えなければならないことが原因であるのは明らかでしょう。

しかし、その一方で、この調査が行われた地域の発育不良の人々の割合は、エチオピアのその他の地域(26・5~28・5%)や、他のサハラ以南の国々で行われた調査の結果より低いということも指摘されています(ケニア15・6%、タンザニア21%、ナイジェリア24・2%)。この事実はコーヒー生産に携わり生計を立てることが、飢餓を救う手段の一つとなる可能性を示しているとも言えます。

コーヒー生産に携わる低所得層の家庭がより収入を増やせるような技術支援を行い、食料を得られる支援と組み合わせていけば、飢餓の問題解決への有効な手がかりとなるかもしれません。

紛争による飢餓を救った農園

飢餓は、紛争など、人為的な問題により引き起こされることもあります。

コロンビアの中部にあるフラグア農園は、風光明媚（めいび）な山稜に沿った広大な敷地を有する農園です。１８７６年に開かれた非常に歴史ある農園で、５代目となる女性農園主のフォアニータ・シニステーラ・フンギートは、山の中腹までをコーヒーやマカダミアナッツ栽培に利用し、岩石の多い高地では牧畜を行っています。母屋の前に建設された精選工場には、１階部分に当地でのコーヒー生産の歴史を物語る様々な精選機材が保管されており、その様子はまるで小さなコーヒー博物館のようです。

実はフラグア農園には内戦で負った深い傷があります。

１９９５年、コロンビア国内で激化していた内戦は、ついにフラグア農園のあるクンディナマルカ県にまで及び、紛争に巻き込まれた農園はコロンビア革命軍（ＦＡＲＣ）の支配下に置かれたのです。農園に住んでいたフォアニータと家族はゲリラによって追い出され、自分の農園や施設に立ち入ることができなくなってしまいました。

２００２年に新政権が誕生し、コロンビア革命軍は地域から撤退したため、農園もやっと解放されましたが、農園に戻ったフォアニータは、コーヒー農園と周辺地域の状態を目の当たりにして愕然(がくぜん)としました。農園の多くのコーヒー樹は根こそぎ抜かれ、施設も荒れ果てていたのです。

農園で働いていた人々の家を訪れたフォアニータは、さらに強いショックを受けました。長引く内戦の影響で、食料の入手が困難になり、長期にわたる栄養不足から大人は痩せ細り、栄養失調の子どもたちの腹は大きく膨れ上がっていたのです。それは目を覆いたくなるような悲惨な状態でした。内戦の最中、ゲリラは人々の家を襲い、食料を奪い、12歳以上の子どもたちを戦士として連れ去っていたのです。

もともとコロンビアのこの地域は天候には恵まれており、干ばつや食料不足とは無縁でした。たとえ経済的に豊かだとは言えなくても、農園の長い歴史の中で人々が食べるのに困るような状況に陥ることなど一度もなかったのです。長い内戦は、前線で闘う兵士たちに食料が優先的に提供されるという不公平な状況を作り出し、それによって農園の人々は飢餓に陥っていたのです。

農園の復興に向け、フォアニータがまず取り組んだのは、蔓延する飢餓をなくすことでした。

ところが家の外に出ることを極度に恐れる人々の警戒心を解くことは簡単ではあり

ませんでした。地域に取り残された人々は、命を守るための唯一の手段として、家のドアや窓を釘で打ち付けたり、セメントで封じたりして、完全に閉じこもっていたのです。

そこでフォアニータは各家の前に様々な食べ物を入れたバスケットを置いて立ち去り、住民に栄養を与え、彼らの身体と精神的なダメージを回復させることから始めました。一軒ずつ家を回り、徐々に警戒心を解いてもらうための地道な努力を続けたのです。

そのような復興の第一歩の過程においても、農園のマネージャーはしばしば戻ってくるゲリラから何度も銃をつきつけられ、脅されたと言います。恐喝の電話がかかってくることもありました。その度に、自分たちはこの地でただコーヒー栽培をしたいだけなのだと繰り返し、フォアニータは農園を守り続けたのです。

新政権の大統領は革命軍から土地を取り戻すことに注力し、また近隣にコロンビア軍の基地があったことも幸いして、農園は軍の後ろ盾で再建に着手することができました。

長い飢餓の苦しみを経験した人々に、二度と空腹な思いをさせまいと強く心に誓ったフォアニータは、広大な農園の一部に果樹や作物を植える区画を新たに設置し、農園で働く人々が自由に収穫できるようにしました。さらに、労働者の子どもたちが通うための小学校を作ったり、農園の人々の住居を改築するなど、労働者の生活を改善するための様々な取り組みにも着手したのです。自然保護にも力を入れ、農園は2009年にレインフォレスト・アライアンスの認証を獲得するまでに成長を遂げました。

その復興の道のりは決して平坦なものではありませんでしたが、フォアニータは農園の人々の生活を改善するための努力を常に惜しみませんでした。彼女は地域を飢餓から救い、内戦からの復興をコーヒー生産を通じてやり遂げたのです。

「たまたまコーヒー農園主の家庭に生まれた私は恵まれています。だからその境遇を活かし、どう地域や人々の生活向上に貢献できるかを常に考えるのは、当然のことです。私たちは一つのチームであり、私は農園主として、働く人たちに恩返しをする責任があるからです」

次にフォアニータが目指すのは、コーヒーの品質をさらに向上させ、価値を上げることで、より多くの人々の暮らしが向上し、より多くの人々が教育を受けられるよう

農園を見回るフォアニータ

になることです。そのような努力が、長期的にはコロンビアの国としての繁栄につながると信じているためです。

先祖代々受け継がれてきたコーヒー農園を守るだけではなく、地域の人々と共にさらに成長し、コロンビアでも有数の品質を誇る農園にすること。そして、内戦と飢餓を乗り越えた農園の歴史と復興の姿を、誇りを持って世界に伝えていくこと――。

それこそがコーヒー農園主である自身の使命だとフォアニータは考えています。

コーヒーがもたらす
健康と福祉

Good Health And Well-Being

世界的に根深い薬物問題

人々が「健康的な生活を確保」し、「福祉を推進」するために社会が果たすべき役割はたくさんあります。健康と福祉の改善に向け、国際協力による努力も行われてきました。

しかし、決して問題がゼロになったわけではありません。問題の解決を阻む、他の要因の検討も含め、引き続き努力が必要です。

先進国を含めた世界的な問題として根強いのは、薬物やアルコールの乱用の問題です。

特に薬物に関して言えば、開発途上国で生産され、欧米を中心とする先進国で消費されるという流れがかつては一般的だったのですが、近年では、開発途上国での使用も増加傾向にあることが危惧されています。実際、２０１２年には国連薬物犯罪事務所（United Nations Office on Drugs and Crime／ＵＮＯＤＣ）も「違法薬物の蔓延がＭＤＧｓの達成を阻害する」と警鐘を鳴らしています。ＵＮＯＤＣのデータによると、２００９～２０１８年の間に、ケシの栽培量は１３０％、コカ樹は34％増加しているそうです。

そんな中、アヘンの撲滅に大きな貢献をなしたプロジェクトとして知られるのがタイの「ドイトゥン開発プロジェクト」です。

このプロジェクトの成功は、薬物の乱用を抑制するというゴール3のターゲットの一つを前進させたのみならず、結果的に、ゴール1（貧困をなくそう）、ゴール8（働きがいも経済成長も）、ゴール10（人や国の不平等をなくそう）、ゴール12（つくる責任つかう責任）、ゴール13（気候変動に具体的な対策を）、ゴール15（陸の豊かさも守ろう）などの実現への道も開きました。

そしてその開発プロジェクトの中心にあったのが、アヘンの原料となるケシ栽培からコーヒー栽培への大がかりな転換だったのです。

ケシ栽培と森林破壊

ドイトゥンとはタイの最北端の山岳地域のことです。

ミャンマーとラオスと国境を接するこの地域は、かつて「ゴールデン・トライアングル」（黄金の三角地帯）と呼ばれていました。

しかし、タイの中でも特に治安が悪いこの地域には、国境を越えて行き来する国籍

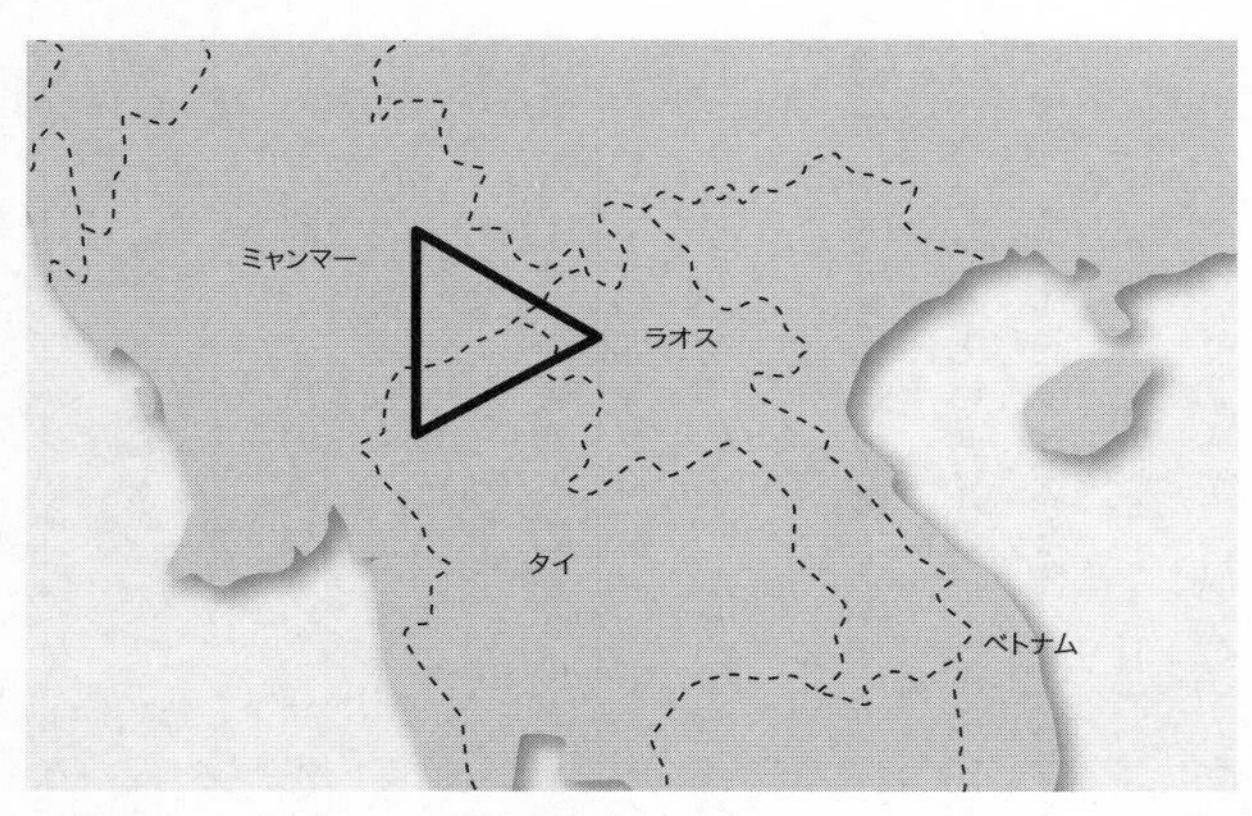

かつてはゴールデン・トライアングルと呼ばれた地域

を持たない山岳少数民族の人々が多く住んでいます。

２０１８年6月、洞窟に入った12人のサッカー少年とそのコーチが大雨によって戻れなくなり、その後、世界中から集まったボランティアによって全員無事に救出された事故を覚えているでしょうか。

あの洞窟はドイトゥンの山の麓にあります。事故の当事者となった12人のサッカー少年やそのコーチの約半数は国籍を持っていなかったという事実がのちに明らかになっています。

この地域で盛んに行われてきたのが、ケシ栽培です。

そのケシから精製されるアヘンを売りさ

ばくことで大金を得る者がいる一方で、その生産者たちには十分な報酬は行き渡らず、彼らの暮らしはずっと貧しいままでした。

生活の苦しさを紛らわそうと自らもアヘンに手を出す人も多く、その結果、深刻な中毒症状にも苦しめられるという「貧困の悪循環」に陥っていたのです。

また、この地域のケシ栽培は、古くから「焼畑耕作」によって行われていました。英語では「slash and burn cultivation」（「切って焼く耕作」の意）と呼ばれるこの焼畑耕作は、種まきの準備として山の斜面に火を入れ、森林を焼き払うことで、新しい農地を切り開く伝統的な農法です。

豊かな森林が育っていた場所を切り開いた農地は養分に富んでいるため、農作物も最初は順調に育ちます。しかし、新たな肥料を追加しないと、やがて養分はなくなり、当然作物は育たなくなります。そうなったときには別の場所に移動し、森を焼き払い、新たな農地を切り開くので、「移動耕作」（shifting cultivation）とも呼ばれているのです。

これだけ聞くとかなり無謀なやり方のように感じるかもしれませんが、人口が少なく、必要な農地の規模も小さかった頃は、新たに切り開ける土地が十分残っていました。養分が使い果たされた土地はそのまま放置されるものの、必要な時間をかけられるので再び森となるまで回復することは可能だったのです。そういう意味では、この伝統的な焼畑農業自体は、持続可能なものだったと言えるでしょう。

ところが、人口が増えるにつれ、新たに切り開ける土地が減ってくると、森が再生するまで待つことができません。森になるどころか、まだ十分に肥えていない土地まで焼き払わざるを得なくなり、その結果、次第に森林は失われていきました。

また、焼畑の範囲が広がるにつれ、そこで発生する大量の煙が、近隣の地域や国々の人々の健康を害するという別の問題も生まれたのです。

空からやってくる「お母さん」

1970年代の初めからしばしばドイトゥンを訪れては、そこに住む人々の貧困と森林破壊に心を痛め、ケシ栽培をやめさせて、この地域に住む少数民族の暮らしを改善しようと尽力したのがタイの前国王（プミポン国王）の母であるシーナカリン王太后（1900〜1995年）です。

当時、この地域には道路が整備されておらず、ヘリコプターでやってくる彼女のことを現地の人々は親しみを込め、「メーファールアン」と呼んでいました。タイ語でメーは「お母さん」、ファーは「空」、ルアンは「王室」を意味します。つまり、人々にとって王太后は「空からやってくるお母さん」だったのです。

もともとは庶民の出身の王太后は、9歳で父母を亡くし、その後王女の宮女として出仕します。そこで学校に通う機会を得た彼女は、16歳の頃から看護師として働いていましたが、王室の奨学金を得て、アメリカに留学します。そこで出会ったのが、ラーマ5世の息子であるマヒドン王子で、2人は20歳の頃に結婚し、3人の子どもに恵まれました。

マヒドン王子はタイに近代的医療を導入し、のちに「タイの医療の父」と呼ばれる功績を残しましたが、38歳という若さで亡くなります。その後、立憲革命や様々な偶然が重なり、2人の息子は続けてタイ国王になりました。そうして、シーナカリン王

多くの人々に慕われていたシーナカリン王太后。
メーファールアン財団の設立者でもある

太后は国王の母となったのです。

王太后という地位にあっても、どんな人とも対等の視線に立つ王太后は、多くの人に慕われました。看護師であった経験を活かしてアヘンの危険性を訴えながら、一人一人の状況を見極め、それぞれの状況に合った適切なアドバイスをし、問題を一つ一つ解決しようと努力していたのです。

どうやってケシ栽培をやめさせたか

シーナカリン王太后の遺志を受け継ぎ、息子のプミポン国王もケシ栽培を続けている村を数多く訪れています。村の人たちは歓迎の意を表しつつも、内心では、ケシ栽培を無理やりやめさせるために国王はやってきたのではないかという恐れを抱いていたのではないでしょうか。

ところが、国王は彼らを批判するようなことはひと言も言いませんでした。それどころか、「ケシはこうやって栽培するほうがよい」とアドバイスさえしたのだそうです。しかしそれは、農民たちが置かれている状況を理解した上で歩みより、信頼を得るための、プミポン国王なりのやり方だったのです。

村の人たちとの信頼関係を築きながらプミポン国王は、危険を冒してケシを栽培しても得られる収入はそのリスクの大きさを考えれば極めて低いという現実に気づかせたのです。プミポン国王は「ゴールデン・トライアングル」でしかないと訴えました。もちろん、シーナカリン王太后同様に、「貧困のトライアングル」が、アヘンが心身に及ぼす悪影響についても警鐘を鳴らしました。

ケシの栽培は世界中で大きな問題として認識されており、その多くは軍や警察の力を使って強制的にやめさせようとしています。中にはアヘンの取引に関わった者は射殺されるという地域もあります。

それとは対照的にシーナカリン王太后やプミポン国王が試みたのは、あくまでも理解と説得でした。そしてそれがケシ栽培をやめさせることに成功した大きな理由の一つだったのです。

複合農業で目指す持続可能性

「ケシの代わりにコーヒー樹を植える」というプミポン国王のアイデアは、森林の再生と共に、1987年にシーナカリン王太后が発案した「ドイトゥン開発プロジェクト」の大きな柱になりました。

ケシとコーヒー樹の栽培環境は似ているため、理論的にはケシが植えられるところでコーヒー樹も育ちます。しかしだからと言って、ケシの代わりにコーヒー樹を植えればそれですべてがうまくいくというわけではないですし、森林の再生にしても、ただ植林すればそれでいいというわけではありません。

「ドイトゥン開発プロジェクト」の目的は、あくまでも「貧困に根ざした悪循環からの脱却」であり、コーヒー栽培への転作や森林の再生はその手段にすぎないのです。

植林を進めながら貧困からの脱却を図るためには現金収入をもたらすコーヒーと同時に、食料となる作物も必要となります。

それを踏まえて実践されたのが、標高に応じた分業でした。

すなわち、

① 標高の高いところには植林し、森林面積を増やす。
② ①より低いところにコーヒーやマカダミアナッツなどの木を植え、現金収入につなげる。

③　②よりさらに低いところは米や野菜を栽培し、並行して魚や鶏や豚を飼う。

コーヒー栽培の面積を大きくするほうが大きな利益を得られると思うかもしれませんん。しかし、それでは、価格の暴落や病虫害の影響が大きくなるというリスクは避けられません。「ドイトゥン開発プロジェクト」では分業によって作物を多様化してそれを防ぎ、持続可能性の維持につなげました。これがプミポン国王の「足るを知る経済」の考え方であり、「複合農業」の形なのです。

その他、少数民族の伝統織物などを商品化して現金収入に結び付けたり、学校や診療所などのインフラを整備して教育と保健サービスを充実させたり、無国籍者の国籍取得を支援するなど、包括的なアプローチがとられた結果、1990年代にはついに、タイ国側でのケシ栽培は根絶されました。

2002年には、UNODCによって「ドイトゥン開発プロジェクト」の功績が称えられ、このプロジェクトが生み出す製品には「この製品の売り上げは違法薬物の撲滅に貢献します。かつてアヘン製造に関わっていた人たちが今ではそれをやめ、持続可能で合法な収入を得るために役立つ製品です」と認定したラベルを貼ることが許可されています。

「ドイトゥン開発プロジェクト」を実施したメーファールアン財団には豊かな資金と政府の支援がありました。とはいえ、このプロジェクトから得られる知識は、一つのパイロットモデルとして他の地域でも十分に応用できるはずです。実際にタイの他の地域やタイ国外でも実践され、効果を上げています。

ただ、ドイトゥンでケシ栽培が行われなくなったことで、アヘンの栽培地はアフガニスタンへと移動してしまいました。そういう意味では、まだまだ課題が残されていると言えます。

大事なのは品質の高いコーヒー豆の生産

コーヒーが貧困層の収入源となると聞いて、同じようにコーヒー樹を植えることを勧めるNGOやボランティア団体は多いようです。しかし、当然ながらただコーヒー樹を植えればいいというわけではなく、品質の高いコーヒー豆を生産・供給してこそ、持続可能性は維持できるのです。

そこにはいくつかの乗り越えなければならないハードルがあります。

一つは栽培手法の確立です。品質の良いコーヒー豆を安定して収穫するのは簡単なことではありません。ケシ栽培からの転換であればコーヒー樹の栽培にも適している可能性が高いものの、そうでない場合は環境を吟味する必要もあります。もちろん、肥料も与えなければならないし、剪定も重要な作業となります。

もう一つは収穫後の精選のプロセスです。コーヒーの場合、このプロセスによって品質が大きく変わってきます。

さらに、それらがうまくいったとしても、最終的にそれがコストに見合った金額で売れなければ意味がありません。最近の低すぎるコーヒーの国際相場では、コストの回収がやっとだというケースは多く、それでは貧困から抜け出すことはできません。貧困から抜け出せなければ、再び生産者たちがケシ栽培へと戻っていく危険性もあります。

［COLUMN］メーファールアン財団のもう一つのプロジェクト

焼畑・移動耕作は伝統的な農法であるとはいえ、森林破壊や煙害を引き起こすという深刻な問題がありました。

実はメーファールアン財団は、ラオス国境近くのナーン県でもこの問題に取り組んでいます。

この地域に住む少数民族は、長年にわたり陸稲とトウモロコシの焼畑・移動耕作を続けてきました。そこで財団は、約80戸の農家の土地を一旦借り上げて、大型重機を必要としない人力で作れるテラス式の開墾方法や効率的な栽培指導をしながら、そこをコーヒー畑に変える「ナーンプロジェクト」も立ち上げました。

参加する農家には、圃場(ほじょう)の開発からコーヒーの収穫ができるまでの5年間は、作業の対価として焼畑耕作で得ていたのと同じレベルの年収分を、財団が給与として保証します。このプロジェクトの目的は、技術指導をしながら焼畑・移動耕作から定着型農業へと変換させ、少数民族の生活を安定化させることです。

「施しではなく、一緒に改善し少数民族が独り立ちできるようにする」という財団の考え方がここでも発揮されています。

コーヒーがもたらす教育

Quality Education

コーヒー農園と子どもたちの教育

国際労働機関（ＩＬＯ）で１９７３年に採択された「就業が認められるための最低年齢に関する条約」では、就業可能な最低年齢は義務教育を終了する年齢（原則として15歳）と定められています。日本でも、中学を卒業する前の子どもたちを働かせる、いわゆる「児童労働」は法律で禁じられるとともに、教育の機会を与えることが図られています。

ただ、開発途上国の場合は例外的に、「就業最低年齢は当面14歳、軽労働は12歳以上14歳未満」とすることが認められています。この例外が認められる理由のほとんどは貧困です。

また、義務教育の年数は開発途上国のほうが短い傾向にあり、6歳から11歳までの5年間だけという国や、義務教育制度そのものが存在しない国もあります。さらに、義務教育制度はあっても、地理的な問題で通える学校がないなど、様々な理由で教育を受けられない子どもが世界にはたくさんいるのです。

コーヒーの栽培適地には辺鄙（へんぴ）な山岳地帯も多いため、コーヒー農園の労働者の子どもたちの中には何時間もかけて街の学校まで徒歩で通っている子もいます。

とはいえ、幼い子どもたちは通学自体が難しく、たとえある程度の年齢に達しても通学時の誘拐などの危険が無視できない治安の悪い場所もあります。そうなると学校に行かせないという選択をせざるを得なくなりますが、そういう場所では強盗などの犯罪が頻繁に起こるため、子どもを家に残しておくこともまた大きな危険を伴うことになります。それを避けるために農園に同行し、親の仕事を手伝っている子どもたちはたくさんいます。

親から農園の仕事について学ぶこと自体は悪いことではありませんが、コーヒー農園には子どもには負担が大きすぎる労働もたくさんあります。

例えば、収穫したコーヒーの実を袋に詰め、その重い袋を担いで山を下るような作業は軽労働などではなく、それを子どもたちが担えば、発育に悪影響が及びかねないでしょう。また、農薬の散布や高い枝の剪定などは、大人であっても安全確保のための防具や訓練が必要な作業であり、子どもに担わせることは避けるべきものです。

たとえ軽い労働だとしても、年中働いていれば、子どもたちは教育を受ける機会の多くを奪われてしまいます。

また、コーヒー農園は通常2~4カ月間の短い収穫期に多くの労働力を必要とするという特殊な事情があり、多くの季節労働者が雇われます。このような季節労働者の子どもたちが、親と一緒に農園を転々とすれば、教育を受ける機会を確保するのは容易ではありません。

このことは、過重な労働を担わせることと同様に非常に深刻な問題であるにもかかわらず、長い間、見て見ぬふりをされてきたという現実があります。

そんな中、季節労働者を含め、農園で働くすべての労働者の子どもに積極的に教育の機会を与えようとする農園も生まれています。

例えば、朝食や昼食を無償で提供するなど、労働者の労働環境を整えるための様々な支援を行っているパナマの農園では、収穫期に季節労働者として農園にやってくる先住民族のノーヴェ族の言葉を話せる家庭教師を雇い、農園の一角で子どもたちに教育の機会を提供しています。

また、季節労働者の宿泊棟に子どもの宿泊を認めないという対策を取る農園もあります。その一方で、家族に会ったり、身体を休めたりするために休暇を取ることを奨励するのです。そうすれば労働者の家族は自宅に住み続けることができるため、子どももあちこち連れ回されることなく、決まった学校に通うこともできます。

これらの対策は、「コーヒー産業は子どもの教育を支援すべきであり、子どもの教育を妨げたり、子どもを搾取したりすることがあってはならない」という考えのもとに講じられたものです。そしてそのような社会的な配慮をしている農園には、次の収穫期に自然に労働者が戻ってくるというプラスの効果も生まれています。

労働者の子どもたちの教育への配慮は、農園維持という観点からも必要な姿勢になりつつあるのです。

コーヒーで「教育」と「仕事」をつなぐ

そもそも教育機会が限られている地域で子どもたちが学校に通うには、第2章でも触れた給食の提供などがモチベーションとなる場合が多々あります。

とはいえコーヒー生産をその地域で持続可能な産業とするためには、ただ子どもたちが学校で「勉強する」だけでは不十分です。卒業した多くの若者が、コーヒー生産ではなく、都市や街に働きに出ることを選択してしまえば、農村の未来を担う人材は都市部に流出し、コーヒー生産地での人手不足を招きます。実際に、多くのコーヒー生産地では、既に労働力不足が深刻な問題となっています。つまり必要なのは、コーヒー生産についての理解と誇りを育てることなのです。

そして中には、学校教育と就労の機会を実質的につなぐことに成功している農園もあります。

第2章で紹介したグアテマラのサン・セバスティアン農園は、1890年に開設された歴史ある農園です。3つの火山に囲まれた盆地でアンティグア近隣にあるこの農園では、古くからその地域に住んでいた先住民族の人たちが、コーヒー栽培や収穫に携わっています。彼らにとって、自分たちに受け継がれてきた文化を守りつつ、経済成長を遂げた社会で生活していくために、コーヒー農園での仕事は大変重要なのです。

自分たちのコーヒーを世界各地に送り届けることができるのは、先住民族の人たちの支えがあるからこそだと考えた2代目総支配人のサルバドール・ファジャは、先住民族の子どもたちへの教育を農園経営の最重要課題の一つとして掲げ、1944年に農園内に先住民族の言葉による教育を行う「サルバドール&ロサリオ・ファジャ・スクール」を開設しました。

農園で働く労働者にとどまらず、地域の子どもたちにも広く門戸を開いたこの学校

サン・セバスティアン農園にある「サルバドール＆ロサリオ・ファジャ・スクール」

の運営はすべて農園が支援し、グアテマラ教育省が定めた必修科目に加えて、音楽（マリンバ演奏）、コンピュータ、体育などの科目も取り入れています。

また、2009年には、より年齢層の高い子どもたちに教育の機会を提供するため、小学校に加え中等教育も開始されました。

この学校の特徴は、コーヒー生産に興味を持つ子どもたちがその知識を深めることにより、将来誇りを持ってコーヒー生産に携われるような工夫が凝らされていることです。

小学校のうちから、校外学習で苗の育成や植林を体験するなど、環境保護の大切さも身をもって学ぶことができます。さらに、中等教育では、必修科目に加え、コーヒー生産において実質的に役立つ科学や知識を学ぶ「コーヒー・ディプロマ」を備え、その後の就労に役立つ道筋も準備されているのです。

実際に農園に行くと、この学校で教育を受けた人たちが、農園で活き活きと働く姿が見られます。彼らがコーヒー生産に誇りを持って取り組む姿勢は、整備の行き届いた農園や、ピカピカに磨き上げられた清潔な精選工場の様子にも溢れ出ています。

5代目の総支配人となったエストワルド・ファジャは、教育への貢献をさらに推し進め、2019年には4名の若者にコーヒー栽培の学士課程に進むためのスカラシップを提供しました。

また、大学に通う人たちには、農園での就労時間と大学に通うための時間を調整しながら勤務が続けられる制度を導入するなど、仕事をしながら学び続けるための仕組みを整えています。

注目すべきなのは、今では大農園となったサン・セバスティアン農園も、開設当時は他の農園と何も変わらない、ごく普通の農園だったということです。

そんな農園を成功に導いたのは、まさに教育の成果であり、その教育に私財を投じることで地域に貢献し続けてきた先代の当主たちの優れた先見の明を感じずにはいられません。

彼らが目指した教育は、単に学校を卒業することや、学歴を得ることではありません。

コーヒー生産地の人々の暮らしが向上するためには、何を学ぶことが必要かを考え、その機会を作り上げていったのです。

そのような学びの場を一から作り上げたからこそ、サン・セバスティアン農園は成功を収めることができたのだと言えるでしょう。

また、広大な国土で、55万を超える生産農家がコーヒー栽培に従事し、南米有数のコーヒー生産国でもあるコロンビアでは、１９７０年代にサンタンデール県の辺境にあるコーヒー産地に、学校に通うことができないコーヒー小規模農家の子どもたちのための学校が初めて作られました。この学校は「新しい学校（Escuela Nueva）」と呼ばれ、１９８２年にはコロンビアコーヒー生産者連合会（Federación Nacional de Cafeteros de Colombia／ＦＮＣ）傘下のカルダス県連合会（Comité de Cafeteros de

Caldas）が、県内の辺境地域に住むすべてのコーヒー小規模農家の子どもたちに初等教育を提供するための正式モデルとして採用しました。以後、カルダス県の地方自治体や地元の民間企業なども支援に加わり、のべ5万5、000人の子どもたちが「新しい学校」の教育を受けてきました。

カルダス県の「新しい学校」では、幼稚園から中等教育までの教育が提供されています。さらにFNCは1996年に、カルダス県で学ぶ小学6年生から高校生までの生徒たちを対象とした「学校とコーヒー（Escuela y Café）プログラム」を開始しました。

このプログラムは、小規模農家の子どもたちが学校で学んだことを、自分たちの家族のコーヒー農園やビジネスに直接役立てることを目的としています。子どもたちはコーヒー栽培やビジネスに必要な様々な座学に加え、学校のコーヒー区画で栽培技術指導を受け、さらには自分たちの家族の農園に新たな区画も設置して、そこで学校の指導内容を実践します。このプロセスには親やFNCの技術サポートサービスも加わることから、世代を超えた教育支援につながる仕組みとなっているのです。

「学校とコーヒープログラム」は大きな成功を収め、今までに1、000人を超える若者たちが、地域に残ってコーヒー産業に関わっていくことを自ら選択しました。２０１９年には、カルダス県の教育プログラムへの第三者機関による評価が行われましたが、59％の卒業生が、「自分たちが家族のコーヒー農園の管理に携わった結果、農園の経営が安定した」と答えています。さらに70％以上の卒業生が、学んだ知識や経験を活かし、将来的に幅広くコーヒービジネスに関わっていきたいと答えているのです。

カルダス県での教育支援は、コロンビアのほかの地域でも採用されたほか、国境を越え、ペルー、チリ、ニカラグア、メキシコ、ベトナム、モロッコにも共有されました。ベトナム政府とモロッコ政府は、自国の農村地域の教育向上のために、カルダス県のモデルを導入することを目指しています。

２０２０年、「学校とコーヒープログラム」は、農村部の実態とニーズに沿う教育システムを作り上げたことがＳＤＧｓのゴール４（質の高い教育をみんなに）に、さらには、コーヒー生産への技術指導によって生産性と収益性を上げたことがゴール１（貧困をなくそう）に貢献したことが認められ、コロンビアの国連グローバル・コンパクトとボゴタ商工会議所から表彰されました。

真の教育支援とは？

開発途上国を援助する方法として教育が取り上げられることが多いのは、教育は多くの人が関心を持ちやすく、かつ反対の少ない分野であるからです。中でも学校を建てるという目的は、人々の善意を喚起しやすく、比較的多くの寄付金が集まります。

しかし、たとえ立派な学校が建ったとしても、教える先生がいなければ教育はできません。そして実際、教員を確保できないという問題を抱えている開発途上国は珍しくないのです。また、中には母国語の教科書が存在しない国もあります。

さらに、そもそも山奥に住む子どもたちにとって学校に通うのは容易なことではありません。もちろん、裕福な家であれば寄宿学校という方法もあるかもしれませんが、貧しい農家にはそのような余裕はありません。

つまり、学校を建てることだけが、教育支援になるわけではないのです。物理的な学校だけが教育の舞台ではありません。

IT化が進んだ現代なら、様々な支援の方法が考えられます。例えば通信教育やインターネットを使えば学校に通わなくても教育を受けることができます。場合によっては、むしろそのほうが質の高い教育が受けられることもあるでしょう。このような場合、通信教育やＩＴの利用による教育が受けられるような整備を行う支援のほうが、学校を建てるより効果的かもしれません。

また、ひとくちに教育と言っても、その内容はその国の政治的な問題に関わってきます。もしもそれが国際社会から問題視されるような独裁的な指導者の言葉をひたすら暗記させるようなものだとしたら、それは本当に子どもたちのためになるのでしょうか。

教育というのは実は非常にデリケートなテーマであり、その支援は決して簡単ではないのです。

コーヒー生産と
ジェンダー平等

Gender Equality

コーヒーとジェンダー

ジェンダーとは、社会的、文化的に分類される性別のことを指します。いわゆる「女性」「男性」という生物学的な性別に限られるものではなく、Lesbian（レズビアン、女性同性愛者）、Gay（ゲイ、男性同性愛者）、Bisexual（バイセクシュアル、両性愛者）、Transgender（トランスジェンダー、性別越境者）といった性的少数者（LGBT）を含むべきものです。さらに近年は、自分の性別がわからない（Questioning）など、LGBTに当てはまらない人の存在にも配慮し、LGBTではなく、LGBTQと表現すべきだという声もあります。

しかし、世界には法律的に同性婚が重罪にあたる国も数多くあることから、SDGsでは、ジェンダーの平等に本来なら含まれるべきLGBTを入れることに合意できませんでした。「誰一人取り残さない」というSDGsの概念自体に当然LGBTも含まれているとする人もいますが、本来であれば、ゴール5に明記すべき問題です。人の性のあり方は様々であり、それによって差別される社会は、真に公平な社会とは言えないのです。

昨今日本でも、ジェンダーの平等や多様性を認める重要性が訴えられるようになりましたが、ジェンダーの問題は非常に複雑で、国の文化や社会構造にも深く根ざすからこそ、SDGsの多くの項目に横断的に及んでいるのです。

コーヒーは、そのほとんどが開発途上国で生産されますが、途上国の農村部における女性の労働力は大変重要で、その数は男性よりも多いことがよくあります。そこには、内戦や虐殺、HIV／AIDS（エイズ）の蔓延、より良い収入を求め街に出稼ぎに出るなどの理由で、農村部の男性の労働力が減り、結果的に女性や子どもが農業に従事することになったという事情もあります。

国際的な問題として、女性の役割の重要性が議論されるようになったのは1970年代以降のことです。1970年代には「開発と女性（Women in Development／WID）」、1980年代からは「ジェンダーと開発（Gender and Development／GAD）」という概念が提唱され、議論されてきました。

WIDが開発の中での女性の地位向上を図るというアプローチであるのに対し、GADは社会におけるジェンダーの関係を把握し、変容させようというアプローチでした。1995年に開催された第4回「世界女性会議」では、「ジェンダーの主流化（Gender Mainstreaming）」という概念が提唱され、法律、政策、事業など、あらゆる分野のすべてのレベルでジェンダーの視点を取り入れ、ジェンダーの平等を達成すべきだと説かれています。また、農業分野においても、その成長を支えていくために必要なジェンダーの平等が議論されています。

そもそも、コーヒー生産農家の仕事には、コーヒー樹の栽培から収穫、精選、出荷、販売など、多くのプロセスがあり、女性はその多くにおいて重要な役割を担ってきました。それにもかかわらず、女性がコーヒー農園で働いていても、男性と同じように経営に関わったり、組合に入り融資や技術支援を受けることが難しい地域はまだまだたくさんあります。

そのようなジェンダーの不平等は、女性が土地の所有権を持つことが慣習的に困難である国や地域においてはさらに顕著です。多くの国で伝統的に重んじられてきた家庭の中での女性の役割が、家事も子育ても一手に引き受けるマルチタスクであるため、男性に比べて女性は学校からも遠ざけられ、女性の貢献は正しく認識されてきませんでした。

コーヒー農家の女性も、農園での労働、家庭内での労働と、多分野の労働を担っているにもかかわらず、その貢献が社会的に認められない例が多々あります。それは、世界が抱える大きな課題であり、その流れを変えようという動きは世界中のあちこちで、そしてコーヒーの生産地でも生まれています。

バリューチェーンでも評価されない「女性の労働力」

116ページの図は、コロンビアコーヒー生産者連合会（FNC）が示した、コロンビアのコーヒー栽培における典型的な男女参画例です。

この図には、力仕事の多い農園整備や除草、妊婦への危険度が高い農薬散布は男性が受け持ち、それ以外の、会計、収穫、労働者の世話や管理などには、女性と男性の双方が関わっていることが示されています。また、コーヒーの品質にとても大きな影響を与える精選作業は女性が受け持つ一方で、その品質が反映される価格交渉や販売の多くを男性が受け持っていることも示されています。

コーヒー栽培農家と言っても、コーヒーだけを育てていれば生活できるわけではありません。その多くは、家庭で消費するための家庭菜園や養鶏も行い、また料理や掃除などの家事全般や子育てもしなければなりません。

そしてこれらを一手に引き受けているのは女性です。しかも、一家の面倒を見る家

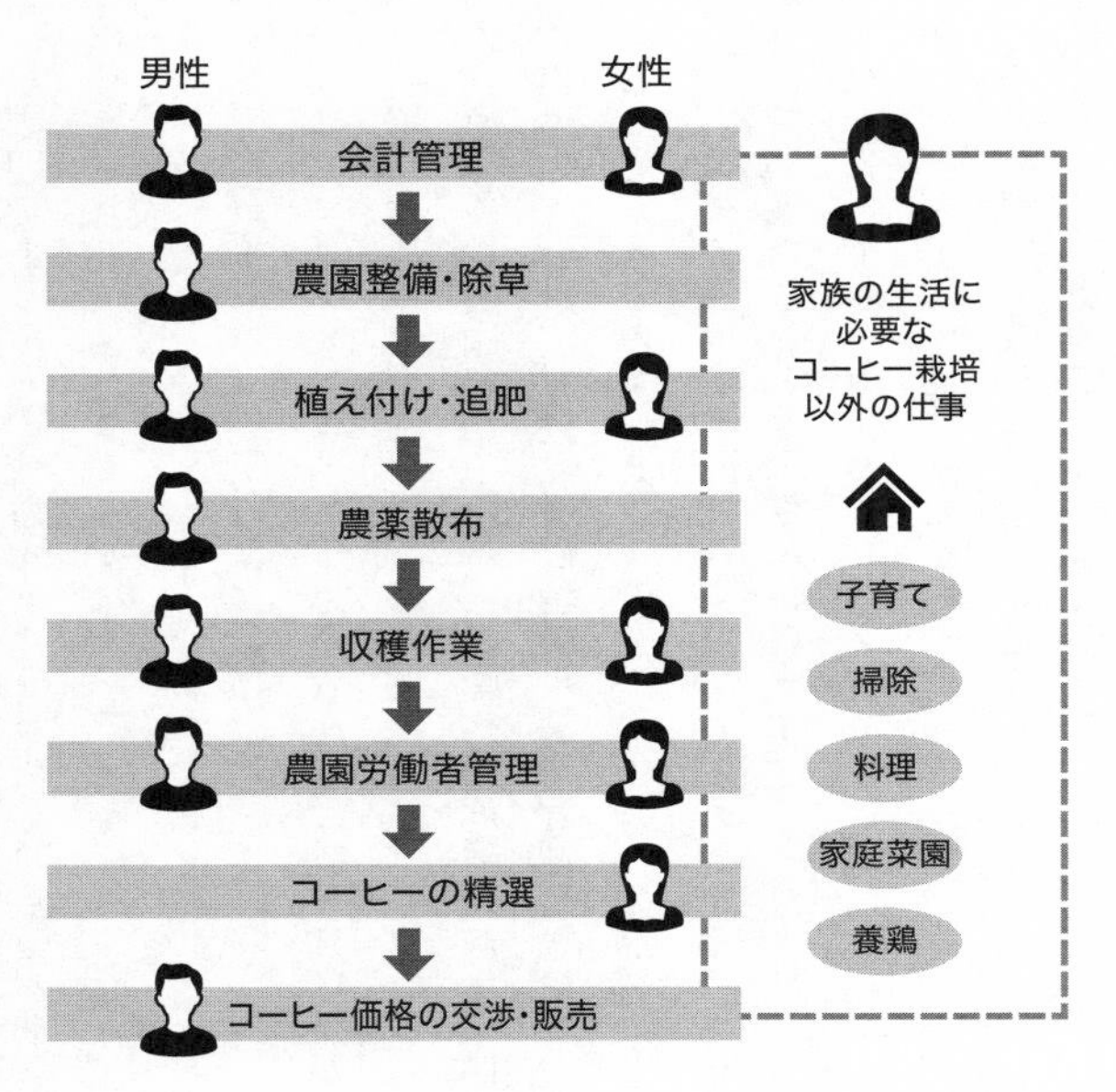

FNC提供の図を元に作成

事には、1年中休みがありません。

また、女性の労働時間はとても長いにもかかわらず、コーヒーの価格交渉や販売には関わらないため、収入へのアクセスは男性に限られています。自分の労働対価としての収入がなければ、たとえ女性が家族の食料や衣類などのためにお金が必要であっても、男性からお金をもらうしかないことになります。女性の労働が無償労働という扱いを受け、生活に必要なお金ですら男性からもらわなければならないと、金銭的にも精神的にも男性に依存する関係は解消されず、女性自身も「自分は男性に依存しなければ生きられない存在なのだ」と認識してしまいがちです。

このようなジェンダー配分の明らかな不均衡は世界各地で見られ、そして多くのコーヒー生産国には古くから根付く男尊女卑の文化や、女性と男性の役割に関する固定観念があります。

例えば、アフリカのウガンダでも、女性は農園で働いているにもかかわらず、コーヒーの販売で収入を得るのはほぼ男性だけに限られています。これは、ウガンダでは伝統的に女性に土地所有権が認められてこなかったことも大きな原因です。

ウガンダの生産者グループを対象に行われたある調査では、コーヒーは男性が所有権を持つ土地で穫れる作物なので、「男性の作物」だという考えが根強いことが、女性、男性の双方へのインタビューからわかっています。女性や子どもたちは、コーヒー農園で働いても、コーヒーの販売に関わらないため、自分たちのコーヒーの販売価格を知らないケースさえあったと言います。

しかも、コーヒーの収穫期のピークにおける男性の1日の平均労働時間は8時間であるにもかかわらず、コーヒー農園での仕事に加えて家事を一手に引き受ける女性の労働時間の平均は、15時間にのぼりました。女性が男性からドメスティック・バイオレンスを受けたり、家計に困った女性が男性に隠れてこっそりコーヒーを売って収入を得るという事例も報告されています。

また、夫である男性が亡くなり、遺言によって妻である女性が土地を管理することになった場合も、周囲に「土地は男性のもの」という固定観念が根強く残るため、コーヒー農園の経営に関わる女性が周囲から陰口を言われ、傷ついているという訴えもありました。そのせいでコーヒー栽培を諦めて土地を売ったり、息子の成長を待って土地を譲渡している女性が多く存在することも明らかになっています。

女性を支える社会基盤の脆弱さは、女性の進出を妨げる直接的な要因になっていますが、仮にそのような点が改善されたとしても、社会での女性の役割についての固定観念が強いと、女性は無意識のうちに諦めてしまうこともあります。これは、途上国の女性に限った問題ではなく、日本で女性の管理職や、政界での活躍が極めて少ないのは、ジェンダーの平等が根本的に社会に浸透していないからです。

この調査が行われたウガンダの生産者グループの一部は、フェアトレード認証を獲得しており、調査結果を受けて、ジェンダーの平等に向けた様々なワークショップが行われました。

ただし、ジェンダーの平等のためには、女性のエンパワーメントのみをすればよいのではなく、男性にも女性の役割や、女性に対する不平等な扱いと男女の固定的な役割分担がもたらす結果について、共に考える機会が必要です。このプロセスは、古くから伝わってきた男尊女卑の観念への介入となるため、注意深く行う必要があります。

多くのコーヒー生産国において、コーヒー栽培は小規模農家の重要な収入源であるからこそ、コーヒーのバリューチェーンにおいて女性の役割を明確にし、コーヒーによる収益から女性が男性と対等な対価を得るような仕組みを作り上げることが必要なのです。そのような意識改革が進み、女性がさらにコーヒー栽培に興味を持てば、結果的にコーヒーの品質や収穫量も改善されていくはずです。

コロンビアの女性グループの成果

先に挙げたFNCは2013年に、コロンビアのコーヒー生産者に残るジェンダー不平等を農協と協力して改善するために、「ジェンダー平等プログラム」をスタートさせました。

2019年8月の時点で約800名がこのプログラムに参加しています。参加者のうち約70%は既婚女性で、残りの約30%には離婚経験者や寡婦が含まれます。既婚女性の家庭ではかつて、意思決定権は完全に男性にありました。

男性優位社会であるコロンビアでは、女性はコーヒー生産に参加していてもビジネスや販売に関わることができず、様々な農園での仕事に加え家事もこなしていても、完全に無給であるのが当たり前でした。

また、家庭内でお金を握る男性は、飲酒など自分だけの目的に収入を使いがちで、家族の生活費を使い込んでしまうことも多々あります。

このような社会構造は、男性による女性へのドメスティック・バイオレンスや、男性が亡くなってしまうと家族の生計が立ちゆかなくなるという事態にもつながっていたのです。

そこでFNCは、より健全な家族経営によるコーヒー生産を普及させるために、このプログラムを開始し、家庭内での女性の地位を向上させるための取り組みや、女性への品質管理指導や女性がマーケティングに関わるための支援を行いました。

女性が販売に関わりを持つようになったことで、コーヒーの品質は格段に向上しました。品質が良ければ高く売れることがわかると、より収入を得るために完熟豆を選んで収穫し、誰もが丁寧な精選をするようになりました。

その結果、このプログラムのコーヒーは高い評価を受けるようになりました。また、プログラムに参加する女性たちの強い団結力で情報交換が密になったことや、女性は利益のほぼすべてを進んで設備や将来に投資したこともプログラムの成功を後押ししたのです。

さらに女性は、自らの収入を家族のために使うことが多いため、世帯全体の生活の質が上がったとの報告も出ています。また女性がコーヒービジネスに積極的に参加することで、子どもたちや若年層がコーヒー生産に興味を持つようになり、後継者育成

変動するニューヨークの国際市場の価格に合わせて、パーチメントの買い付け価格も毎日更新される。その場で品質チェックされ、品質と認証の有無で価格が変わる。FEMENINO（女性グループ）は、最高価格に分類されている（2019年8月撮影）

にも大きく貢献しているとも言われています。

特にウィラ県は、FNCと地元の農協が協力体制で「ジェンダー平等プログラム」を立ち上げた場所でもあり、コロンビアの中でも特に女性グループの活動が盛んな地域で、県内7つの自治体が参加しています。

2019年8月初旬に、筆者の山下が現地を訪問した際は、農協の買い付け価格の表にはプログラムに参加した女性グループのコーヒーがあり、品質第一で決定される買い付け価格が他の認証コーヒーより高いという成果も上げていました。農協は、女性グループのコーヒーを「女性生産者のコーヒー（Mujeres Cafeteras）」と名付け、特別なパッケージで販売しています。

また、このプログラムでは、アメリカの非営利団体であるサステイナブル・グローワーズが開発した「プレミアム・シェアリング・リワード（Premium Sharing Rewards）」の手法も採用しています。

この手法はもともと2010年にルワンダの女性コーヒー生産者を支援するために開始されたプログラムだったのですが、ルワンダとコロンビアではコーヒーの生産方法や国内事情が異なるため、コロンビアでは女性たちに4段階（1.排水処理、2.土壌分析と追肥、3.品質管理指導、4.小型焙煎機の導入）のトレーニングを実施し、終了時に小型焙煎機が付与される仕組みを導入しました。

2019年8月の時点では、ウィラ県の農協の女性のうち、429人がプログラムに参加していました。プログラムでは、近隣の大学と連携したビジネストレーニングも実施し、子どもたちの参加も可能にすることで、世帯全員が関われるようにしています。コロンビアでは農家の平均年齢が60～65歳と高齢化が進んでいるため、若年層がコーヒー生産から離れていくのを防ぐことはとても大切なのです。

地域ごとにいる14名の女性リーダーたちに、プログラムに参加して何が変わったかを述べてもらったところ、次の結果が得られました。

●自分たちのコーヒーに対する知識や技術が向上した　14名
●コーヒーの品質が向上した　9名
●生活の水準が向上した　8名
●子どもの教育への支援を受けることができた　4名
●家庭内での自分たちの地位が向上した　14名

また、グループに参加する前と後の家庭での自分の役割を比べてもらったところ、「以前は、農園で働いていても、コーヒーに興味がなかったが、トレーニングを受けて、いろいろな視点で世界を見られるようになった」「以前は、自分はただの主婦だと思い込んでいたが、今ではコーヒー生産が家族経営に変わり、自分も関わっていると言える」などの声が多数あがり、女性たちの意識が大きく目覚めたことがうかがえました。

コーヒーでジェンダーギャップを考える

農協の職員によれば、このプログラムが開始された当初は、男性が反発し、女性を集めることすら難しい状況だったそうです。そのため、男性もプログラムに参加してもらい、家族でトレーニングを実施し、世帯の収入が増える利点を理解してもらうことから始めたと言います。

その結果、家族内で協調性も生まれ、子どもたちのコーヒー生産に対する知識も深まりました。今では男性が女性にプログラムへの参加を促すケースも珍しくなくなったという報告もあります。

ジェンダーに関わる課題は国の文化や慣習にも深く関わるため、同じ手法がどこでも通用するとは限りません。しかし、他の国での事例を参考に、各国が工夫を凝らし、自国の改善に向けた対策を取ることができるところに、世界的な取り組みであるSDGsの意義はあります。

2022年、世界各国のジェンダーの平等を示す一つの指標である「ジェンダーギャップ指数」で、日本は調査対象となった世界146カ国中116位でした。これは、先進国の中では最低レベルであり、開発途上国である多くのコーヒー生産国さえ下回ります。日本は初等教育や識字率などの教育や保健の分野でのジェンダーギャップがなく、その意味においては世界トップレベルの男女平等な社会基盤が築かれているにもかかわらず、政治や経済の分野における女性の活躍が著しく低いことが順位を押し下げる要因となっています。

人口減少と高齢化が進む中、女性が社会で活躍しにくい日本の現状は大変危機的です。働き手としての女性の雇用促進を進めるだけではなく、周囲や社会が女性の役割や可能性に理解を示し、変わっていかなければいけない点は、コーヒー生産地の問題と同じです。

日本ではジェンダーギャップへの配慮を付加価値とするコーヒーの流通は、ほとんど見かけないのが現状ですが、SDGsを通じ、自国への啓発も含めて取り組むべき課題と言えるのではないでしょうか? もし実現すれば、生産国と消費国のジェンダーの課題を、コーヒーでつなぐことができるかもしれません。

6 安全な水とトイレを世界中に

ヒー農園と安全

an Water And Sanita

水の不足とは？

日本にいると当たり前のように安全な水を手に入れることができますが、世界には清潔な飲み水を欠いた地域がたくさんあります。

ユニセフのデータによると、２０１７年の時点で世界で22億人が安全な飲み水を利用できていません。これは２０２０年の世界人口（77億人）の約３割に当たります。そのうち、自宅から往復30分以内のところで飲み水を汲んでくることができる人は14億人しかいません。飲み水を汲みに行くのは子どもや女性の役割であることが多く、それも問題視されています。川や池などの地表水をそのまま飲み水として利用している人も１億４，０００万人ほどいて、その半数以上を占めるのは、世界でもっとも貧しい地域だと言われるサブサハラ・アフリカ（サハラ砂漠以南のアフリカ）に住んでいる人々です。

また、安全に管理された衛生施設（トイレ）を使えない人は、世界人口の半数以上にあたる42億人にも達しています。そのうちの約7億人は日常的に屋外で排泄しており、その多くはやはりサブサハラ・アフリカの人々です。さらに自宅に手洗い場を持たない人は約30億人にも達し、そもそも手洗いの慣習がない地域も珍しくありません。

2020年からの新型コロナウイルス感染症のパンデミックにおいても、手洗いするための水が十分に確保できないことが、感染封じ込めの大きな障害となっている地域が多数あります。

安全な水と衛生的なトイレが利用できないことは、コレラ、赤痢、A型肝炎、腸チフスなどの感染症の大きな原因となります。世界に目を向ければ、子どもの死因として下痢が依然として大きな割合を占めており、毎年30万人もの子ども（5歳未満）たちが下痢症で死亡しているのです。

安全性の問題以前に、天候、地理的条件、設備状況、技術、ガバナンスなど、様々な原因によって、生活に必要な水量が確保できないという事態が世界では起こっています。たとえ降雨量に恵まれたとしても、地理的に川から遠かったり、貯水施設や他の取水手段がなければ水不足は生じますし、工場が大量の水を汲み上げた結果、地下水が枯渇することもあります。

また、農業には水の利用がほぼ不可欠であるため、水が不足する地域は食料不足に陥りやすく、それは貧困に直結します。アフリカ大陸（特にサブサハラ・アフリカ）

や中南米、アジア諸国など、多くのコーヒー生産国は、深刻な水不足と隣り合わせの状況にあります。

コーヒーは、コーヒーチェリーを精選して初めて「コーヒー」となる、いわば加工が前提の農作物です。栽培する際だけでなく、多くの場合は加工の過程でも水を欠かすことはできません。

中南米のように技術が進んでいれば、遠くの水源から水を引いて、農場の近くに精選工場を作ることができますが、インフラが不十分なアフリカのルワンダなどでは精選工場を水源の近くに作らざるを得ません。そのために急峻(きゅうしゅん)な崖を、コーヒーチェリーを担いで下り、谷底にある精選工場でコーヒーを精選・乾燥し、再びコーヒーを担いで幹線道路まで登るような非効率的な作業を強いられることになります。しかしアフリカでは長年にわたり干ばつが続いているため、今後他のコーヒー生産地でも、この方法を考慮せざるを得なくなるかもしれません。

コーヒーと水

コーヒーチェリーという名の通り、コーヒーの実には赤い果肉がついていますが、

コーヒーの代表的な精選方法

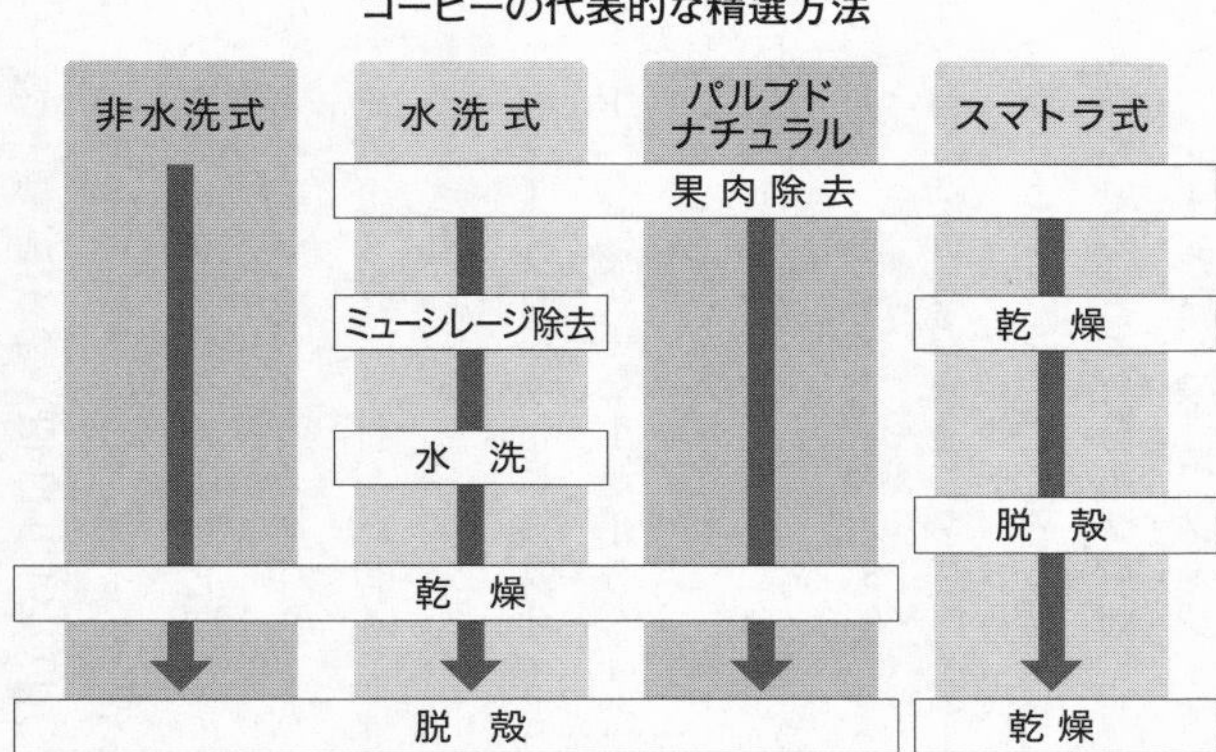

それをコーヒー豆という商品にするためには、その果肉やその内側にあるミューシレージと呼ばれる粘質（ぬめり）を取り除き、乾燥させて脱殻する加工を施す必要があります。

この過程が精選です。

コーヒーの精選には、大きく分けて非水洗処理方法（ナチュラル）と水洗処理方式（ウォッシュド）がありますが、水洗処理方式で精選する場合、特に大量の水を消費することは避けられません。FNC（コロンビアコーヒー生産者連合会）の研究機関である国立中央コーヒー研究所（Centro Nacional de Investigaciones de Café／CENICAFE）が出した『コロンビアのコーヒー精選工場（Beneficio del Café en Colombia)』によれば、従来の水洗処理法だと、１キログラムのドライパーチメントコーヒー（乾燥後の殻の付いた状態）を作るのに、40リットルの水が必要だそうです。１キログラムのドライパーチメントは脱殻すると約８３０グラムの生豆となり、さらにそれを焙煎すると約６９０グラムの焙煎豆となります。１杯分のコーヒーを抽出するのに10グラム使うとすると、69杯分のコーヒーに相当する量です。

これを１杯分の水量に換算すると、産地で使われる水は５８０ccになります。つまり、１杯分のコーヒーが１５０ccだとすると、その４倍もの水が精選する過程で使われていることになるのです。

水洗式の工程では、ゴミや葉との選別を行ったり、低密度のチェリーを取り除く浮力選別のためにも大量の水を使いますが、果皮を取り除いたあと、ミューシレージと呼ばれる粘質（ぬめり）を洗い流す際にも大量の水が必要になります。

ミューシレージはただ洗い流せば取り除けるわけではなく、一定時間タンクに入れて発酵させることで分解・剝離する工程も必要です。そのため、その工程で生じる排水は、pH４前後の酸性でメタンガスを含んでおり、それが環境に大きな悪影響を及ぼすことで知られていました。この汚れた水がそのまま川にたれ流されたことで、河川の汚染が引き起こされた地域もあったのです。

環境保全に取り組むコーヒー農家

大量の水を使い、場合によっては汚染水も生み出してしまう――。

確かにこれはコーヒー生産の現実です。

しかし、生産者たちは、その現実をただ眺めていたわけではありません。「環境破壊の元凶」から脱却すべく、この30年もの間、環境を守るための栽培方法や精選方法を模索し、その改善のための努力を真摯に重ねてきたのです。

ミューシレージ除去の過程で生まれる汚水を浄化する努力は長年繰り返されてきましたが、水洗式で使われる水の総量を減らすことも同様に大事だという考えのもと、開発されたのが、節水型の果皮除去機です。

前出のCENICAFEは、従来型と比較して40分の1の水でチェリーからドライパーチメントにする「ベコルスブ（Becolsub）」という機械を考案しました。これは、粘質を機械で強制的に取り除く方法です。それにより使用する水の量は減り、排出される汚水の量も減らすことができます。

小規模農家向けには、より小型の「タンケティィナ（Tanque Tina）」も開発されました。これは水を使わずに果肉除去し、プラスチック製のタンクにパーチメントコーヒーを入れて効率的に粘質を取り除ける機械です。FNCは「現在コロンビアではコーヒー生産農家の約半分はベコルスブかタンケティィナのどちらかを導入しており、生産者の環境保全への理解が浸透してきている」としています。

排水処理の進歩

ただ一方で、「機械を使って粘質を取るより、やはり昔ながらの水洗式のほうが品質が良い」という意見は根強くあります。

そこで品質にこだわる農園の中には、水のリユースや排水の処理を徹底的に行うことによって、水に配慮したコーヒー作りを試みているところもあります。

例えば、第2章で紹介したグアテマラのアンティグア近隣にあるサン・ミゲル農園では、ゴミや葉との選別や、浮力選別で使った水は、同じ日の作業に限り、巡回させてリユースしています。

またミューシレージ除去の過程で生まれる汚水に石灰を入れて中性に近づけたあと、処理槽に移して汚染成分を沈殿させることによって水を浄化しています。発生する汚水量と処理槽のキャパシティによって違いはあるものの、この作業に最低でも数カ月をかけ、最終的には魚が棲めるくらいにまで浄化された水は畑の灌漑用水として使用しています。

さらに処理槽の中の沈殿物は、精選工程で出たコーヒーチェリーの果肉と混ぜることによって、ミミズの餌として使用しています。そのミミズが排泄した糞は、栄養価の高い肥料に生まれ変わり、コーヒー畑に撒かれることになります。またミミズが死なないように定期的に散水をするので、浸透して流れ出た水もまた、液肥として使用することができます。

見直される非水洗式

19世紀中頃にインドで水洗式プロセスが発明されるまでは、コーヒーの精選方法は非水洗式しかありませんでした。水の供給がかつてより格段に容易になったことは、その後水洗式が広まる大きな理由の一つだったと言えるでしょう。今ではブラジルを除く中南米の生産国と、東アフリカのアラビカ種の生産国の多くが水洗式を採用しています。

一方、ブラジルやその他ロブスタ種を栽培している生産国では、今でも非水洗式が一般的です。ブラジルが水洗式に変わらなかった理由は、生産量が多くプロセスを複雑化したくなかったのと大量の水の確保が難しかったからではないかと思われます。ロブスタ種の生産国の多くが非水洗式なのは、コストをかけて水洗式にしてもそれを付加価値として認めてくれる市場がないからです。

最近は、水洗式が主流の中南米の生産国の中でも、非水洗式でプロセスする農園も出てきました。大量生産のための一般的な非水洗式とは違い、天日で丁寧にゆっくりとコーヒーチェリーを乾燥させ、果皮の風味をコーヒー豆につけるこの方法は「ナチュラルプロセス」と呼ばれています。乾燥に20日以上かかる上、管理が悪いとカビが生えたりして売り物にならず、非常に手間も時間もかかりますがその分付加価値が付き、取引価格も上がります。国際価格が低迷する昨今、特徴を出して少しでも高値で売ろうとする生産者の努力の表れです。

7 エネルギーをみんなに
そしてクリーンに

コーヒーと
クリーンエネルギー

Affordable And
Clean Energy

温室効果ガスの3分の2は二酸化炭素

クリーンエネルギーとは、二酸化炭素（CO_2）などの「温室効果ガス（GHG）」を出さない方法で生み出されるエネルギーを指すのに対し、クリーンでないエネルギーとは石炭や石油など、温室効果ガスを排出するエネルギーのことを指します。火力発電所の建設やプラント輸出への投資を続けてきた日本は、世界からは、「温室効果ガスの削減に真剣に取り組んでいない」国だと見なされていますが、世界的にはそのような社会倫理的に好ましくない投資を引き揚げる「投資撤退」（ダイベストメント／Divestment）がトレンドになっています。

人為的に排出された温室効果ガスの約3分の2を占めているのは石油や石炭などの化石燃料を燃やしたときに出る二酸化炭素で、約10分の1は森林破壊や土地利用の変化による大気中への放出です。また、温室効果ガスのうち15%をメタンが占めており、メタンは牛などの家畜のげっぷにも含まれるため、家畜のげっぷを抑える研究も行われています。

伐採した木材を燃焼させてエネルギーを生み出すのは、「バイオマス燃料」の一種です。バイオマス燃料も燃焼させれば二酸化炭素は排出されますが、それはもともとその木が大気中から吸収した二酸化炭素を放出しているため、二酸化炭素を増やしたとは見なされません。これを「カーボンニュートラル」といい、それがバイオマス燃料がクリーンエネルギーと言われる所以なのです。

開発途上国では、調理用に薪や牛糞などを使っているところがあり、これもバイオマス燃料の一種です。しかし室内でそれらを用いたときに充満する煙が呼吸器系の病気の原因となることが知られています。それが原因で命を落とす人は毎年約400万人いると推計されており、そういう意味で、クリーンエネルギーだから安全だとは言い切れないのです。

また木を伐採したあとに再植林を行えば、大気中の二酸化炭素を吸収するので、長い目で見ればそれなりの効果はあります。しかし、伐採時の二酸化炭素の放出量や生物多様性保全という側面から考えると「森林の保全」が非常に重要であることを決して忘れてはいけません。

1杯のコーヒーとエネルギー

さて、コーヒーが日本の家庭に届くまでのプロセスを大きく分類すると、生産国での「栽培」、「精選」、生産国・消費国双方での「輸送」（輸出入を含む）、消費国での「製造」（焙煎や梱包（こんぽう）などを含む）などがあり、その後にやっと1杯のコーヒーとして「消費」できるようになります。

実際には、消費の後には「廃棄」もあり、プロセスはもっと細かく分かれるのですが、ここではある程度まとめることとします。また、最近は生豆を直接インターネットで販売するなど、コーヒーの販路にも様々な方法がありますが、ここでは一般的な商品として家庭にコーヒーが届くまでを例に説明します。

コーヒーは生産国においては、果実から豆を取り出す精選のプロセスがあり、消費国においてはコーヒー豆としての香りや味を引き出す焙煎のプロセスがあるため、同じ農作物でも収穫したままの状態を楽しめる野菜や果物と比べて、より多くのエネルギーが使われます。また、それぞれのプロセスにおいて、異なる温室効果ガスが排出されます。

生産国側では、栽培時の使用エネルギーは比較的少なく済む一方で、農園で窒素系の肥料を使用することが、様々な段階での大気中への一酸化二窒素（N_2O）の排出を誘発する原因となります。一酸化二窒素の温暖化係数は、二酸化炭素のおよそ

コーヒーのプロセスにおける主なエネルギー利用と温室効果ガス排出の関係

生産国 → 日本

	栽培	精選	輸送	製造	消費
主な使用エネルギー	■化石燃料 ■電力	■化石燃料 ■電力 ■バイオマス	■化石燃料 ■電力	■化石燃料 ■電力	■化石燃料 ■電力
主に排出されるGHG	■CO_2 ■N_2O	■CO_2 ■メタン（再利用可能）	■CO_2	■CO_2	■CO_2
代替可能な自然エネルギー	■太陽光	■太陽光 ■水力	■グリーン電力 ■バイオマス	■グリーン電力 ■バイオマス	■グリーン電力

300倍にものぼり、大量に肥料を使う農園は大量の温室効果ガスを排出し、気候変動に負の影響を与えます。コーヒーのサプライチェーン全体においても、窒素系の肥料を大量に使用し、コーヒーの単一栽培を行う農園では、栽培時の温室効果ガスの排出量は他のプロセスに比べて突出して多くなります。

ただ、ここで忘れてはならないのが、コーヒー樹は大気中の二酸化炭素を吸収し、その寿命は約30年以上にも及ぶことです。つまり、小麦やイモなどの短期栽培作物を育てる農園に比べれば、コーヒー農園はより多くの二酸化炭素を吸収し、固定することが可能なのです。

特に、中南米でよく見かける、高木樹や果樹を日陰樹として用いる伝統的な「アグロフォレストリー農法」のコーヒー農園では、健康的な生態系の中で育つコーヒーに窒素系の肥料を大量に使う必要はなく、さらに日陰樹に空気中の窒素を固定化する特性があるマメ科高木を使った畑では、土壌も豊かになります。

このシェイドグロウン（日陰栽培）のメリットは、コーヒー農園全体でより多くの温室効果ガスが吸収されることです。栽培時の二酸化炭素吸収量と、コーヒーのサプライチェーン全体のエネルギー総排出量は、それぞれ違うライフサイクルと見なされて研究されていますが、サプライチェーン全体で温室効果ガス排出量を低減する努力を徹底的に行えば、伝統的なアグロフォレストリー農園の吸収量が、サプライチェーン全体の排出量を相殺する可能性もあると言われています。

次に、精選のプロセスを考えてみましょう。

精選に水を使用する水洗式である場合は、コーヒーチェリーを選別し、果実から種子を取り出し、ミューシレージと呼ばれる粘質性の膜を洗い落とすのに機械を使うため、より多くのエネルギーが使われます。小規模農家であれば、手動の機械で足りることもありますが、ある程度の量を生産する農家の場合は、電力で動く機械が必要です。河川に近い農園である場合は水力発電を使ったり、また太陽光発電を利用する農家もありますが、そのような地理的条件や技術のある農園はほんの少数であり、自然エネルギーですべての電力を賄うのはなかなか難しいのが現状です。

　また、コーヒー豆を乾燥させるのに、天日乾燥ではなく乾燥機を使うと、さらにエネルギーを使用します。以前は、燃料用に山から木を切り倒して薪にしていましたが、最近はコーヒーのパーチメントや、農園で定期的に行うコーヒー樹の剪定で出た廃材を再利用し、バイオマス火力発電を行う農園が多くなりました。これらのエネルギー利用はすべて温室効果ガスを排出するものの、パーチメントや剪定材の利用はエネルギーの有効活用でもあります。

　そして、さらに多くの温室効果ガスを排出するのが、水洗処理をした後のコーヒーチェリーの残渣（ざんさ）や排水から発生するメタンガスです。メタンガスの温暖化係数は、二酸化炭素の25倍であるため、水洗式の精選プロセスにおける排出量は、コーヒー全体のプロセスの中でもとりわけ多くなりがちです。ただしメタンガスは、それを回収することができれば、エネルギーとして再利用することが可能です。つまり、コーヒー生産で発生したエネルギーを農園内で循環利用すれば、農園全体の温室効果ガス排出量を削減することも可能なのです。こちらについては、この章の最後の項で紹介します。

その後、生産国での輸送、国境を越えての輸出入、消費国での輸送と、コーヒーは様々な方法で運搬され、そこでは主に化石燃料や電力が使われます。

消費国のコーヒー会社に届けられた後は、焙煎や梱包を含む製造の過程で主にガスや電力が使われますが、ここでは自然エネルギーであるグリーン電力を導入することも可能なので、コーヒー会社の取り組みによって状況は変えられると言えます。大量生産する企業であれば、コーヒーを焙煎するときに発生した熱や蒸気を回収し、再利用することにより、全体的な二酸化炭素排出量を削減することも可能でしょう。近畿大学と石光商事株式会社は共同で、コーヒーを抽出した後の残り滓(かす)を使って「バイオコークス」と呼ばれるバイオ燃料を作り、コーヒー焙煎時の燃料として再利用する試みに取り組んでいます。

その後、様々な商品に形を変えたコーヒーは、さらに運搬され、やっと消費者のもとへと届きます。

ここで重要なのが、消費の際に使うエネルギーです。お湯を沸かし、コーヒーを淹れるには、ある程度のエネルギー消費が前提となりますが、ここでハンドドリップやフレンチプレスなどの手で淹れる方法ではなく、コーヒーメーカーを使うと、コーヒーを楽しむまでのエネルギーの総使用量がさらに上がります。使用する機種にもよりますが、コーヒーを淹れ、温め続けるという機能を持つコーヒーメーカーは、意外に電力を使うのです。

また、日本独特のコーヒー文化である缶コーヒーは、製造や販売の過程において、もっともエネルギーを使っています。京都大学の研究によると、資材としてスチール缶を使い、寒いときは触るのも熱いほど温められ、暑いときはキンキンに冷えた状態で自動販売機で販売される缶コーヒーは、コーヒーメーカーで淹れるコーヒーに比べると、抽出量（1ミリリットル）当たりのエネルギー使用量が4倍にものぼるそうです。

同じ研究によると、日本のコーヒー市場における缶コーヒーのシェアは約17％程度ですが、その温室効果ガス排出量は、実にコーヒー消費量全体の約半分を占めています。また、ドイツの応用生態学研究所は最近流行り（はやり）のカプセル型のコーヒーもライフサイクルにアルミニウムやプラスチックのカプセル容器が加わるため、フレンチプレスと比べ、4倍の温室効果ガスを排出するとの研究結果を公表しています。

上手に淹れたハンドドリップコーヒーの味は、機械で淹れるコーヒーや缶コーヒーよりはるかに美味しいものです。コーヒーの美味しさにこだわることで、1杯のコーヒーが使うエネルギーも少なくなる、つまり地球の未来を守ると考えれば、多少の手間をかけることがもっと楽しく、意義深くなるかもしれません。

コスタリカの挑戦

コーヒーの生産国として有名なコスタリカは、かつては国土の75%近くが熱帯雨林で覆われる国として知られていました。

ところが1940年以降に畜産業が推進され、年間320平方キロメートルの勢いで森林減少が進んだ結果、1987年には森林被覆が国土の21%にまで減少してしまいました。

そこでコスタリカ政府が1996年から導入したのが「生態系サービスへの支払い(Payment for Ecosystem Services/PES)」と呼ばれる制度です。この制度によって、森林地帯の伐採を禁止し、持続可能な土地利用を推進したのです。さらにガソリンへの課税を開始し、２００１年にはその税収の一部が直接ＰＥＳの財源となる法律も制定しています。

ＰＥＳに基づき、森林地帯の土地所有者が自然保護と両立可能な産業として取り組んだのが、森林伐採を伴わないコーヒー生産やエコツーリズムなど、自然と共生可能な産業です。それらの産業は、国家の成長戦略の一つとして位置付けられました。

そのほか様々な政策を実施するなど国をあげて取り組んだ結果、コスタリカの森林被覆は２０１０年には国土の52％程度までに回復し、中米の小国でありながら、世界の環境先進国と呼ばれるまでになったのです。

さらにコスタリカは２０１９年、パリ協定に基づき、世界に先駆けて２０５０年までにカーボンニュートラルを達成するための目標を発表しました。コーヒー生産は、その目標達成の手段の一つとして、各国の気候変動の国家戦略である「国別気候変動緩和行動（Nationally Appropriate Mitigation Actions／ＮＡＭＡｓ）」の一つに組み込まれています。

「NAMA Café」と呼ばれるこのコーヒープログラムでは、コーヒー農家の参加を募り、以下の6つの目標に取り組んでいます。

- 肥料の低減
- コーヒー精選時における水とエネルギー使用の効率化
- アグロフォレストリー農法を普及するための資金メカニズムの推進
- コーヒー精選施設のカーボン・フットプリントの審査
- 付加価値のあるコーヒーを推進するための戦略立案
- 温室効果ガス排出削減技術の研究やプロジェクトの立案

NAMA Café の気候変動対策プロジェクト

前述した通り、コーヒーチェリーを脱殻して果肉とミューシレージを取り除いた後の排水は、メタンガスを発生させます。NAMA Café に参加するコーヒー精選施設の一つであるサンタ・エドゥビゲス精選工場では、「上向流式嫌気性スラッジ・ブランケット」と呼ばれる設備を導入し、排水から発生するメタンガスを回収しています。

まず、コーヒーの精選処理後の排水をリアクターと呼ばれる排水槽の中で沈殿させ、メタンガスと果肉滓等の固形物に分離させます。ガスデフレクターで集め、分離装置を経てリアクターの上部に溜まったメタンガスは、パイプを通り、凝縮液の除去や液圧調整を経て、一時的に簡易的な設備に溜められます。溜められたメタンガスは、圧力計で調整しながら、パイプを通じて隣接する工場で使用する焼却窯へと流れ込み、コーヒーパーチメントや間伐材などのバイオマス燃料と共に、焼却窯を効率的に運転する目的で使用されています。この工場では、1日に約900立方メートルのメタンガスを回収することが可能です。

大変高度な技術を要するようですが、設備は簡易で古いものであり、現在は設備の整備に向けた検討が進められています。この精選工場を持つのは大規模な農園であるため、排水の効率的な利用を可能にするコーヒー生産量があり、設備投資も可能だったのでしょう。

ちなみにコロンビアでは、小規模な農園でもより簡易的な設備と技術でメタンガスを回収し、農家のキッチンで煮炊きするために利用している例もあります。NAMA Caféでは、中規模農家でも取り組めるような他の技術にも取り組んでいます。

例えば、コーヒーの果肉から水分を取り除き、ペレットと呼ばれる鉛筆の3分の1程の大きさの円錐に成形したものは、必要なときに必要な量を焼却窯に投入することで効率良く熱を発生させることができる燃料になります。コスタリカ大学とコスタリカコーヒー協会も支援するこのプロジェクトは、技術的な調査を終え、現在は運用に向けた可能性調査に取り組んでいるところです。

NAMA Caféに参加するこれらのプロジェクトでは、能力開発や技術支援、温室効果ガス排出削減量の審査に向けた支援を受けて、低炭素社会の促進と行動を支援する国際的な資金メカニズムへとつなげることを目標としています。将来的には、コスタリカが国家として運営するMRVシステム（温室効果ガスを測定、報告、検証するシステム）の排出削減量として登録される見込みで、その量は年間12万トンCO_2と見積もられています。

実は、コスタリカのコーヒー生産量は、世界で16番目くらいを推移しており、それほど多いものではありません。それにもかかわらず、政府の強力なリーダーシップのもとに進められる持続可能なコーヒー生産は、他のコーヒー生産国を牽引(けんいん)していくモデルとなっています。ブラジルやコロンビア、ベトナムなど、世界有数のコーヒー生産国がこのように国家をあげた取り組みを行えば、コーヒー生産におけるエネルギーの循環利用や温室効果ガス削減の努力は一気に進むことでしょう。

また、様々なプロセスでエネルギーを使い、異なる温室効果ガスを排出するコーヒーだからこそ、サプライチェーンすべてのプロセスでエネルギー利用を効率化し、資源を循環利用し、自然エネルギーを使う努力をすることが大切です。消費国と生産国の、すべてのプロセスの努力をSDGsでつなぐことができたら、近い将来自宅でカーボンニュートラルなコーヒーを楽しむことも、決して夢ではないのです。

コーヒーが生み出す働きがい

Decent Work And
Economic Growth

人間らしい教育と仕事

南米コロンビアにあるフェダール財団（Fundación Para La Estimulación En El Desarrollo Y Las Artes Fedar）は、1985年2月28日に知的障がい者支援を目的としてカウカ県の県都ポパヤン郊外において設立されたNPOです。

今でこそすべての学校は障がい児を受け入れなくてはならないと法律で定められていますが、財団が設立された当時のコロンビアでは、知的障がい児は家から外に出してはいけないという社会的観念が当たり前のように蔓延していました。学校には知的障がい児教育のための設備はなく、その訓練を受けた先生もいなかったため、知的障がい児が学校に行くことはできませんでした。その結果、知的障がいを持って生まれた人は、ずっと家に閉じこもって一生を終えるしかなかったのです。

それでも経済的に余裕のある家庭に生まれた知的障がい児は、親が雇った使用人や専属の介護士に面倒を見てもらうことができました。しかし、大多数の貧しい家庭の親たちにとってその費用を捻出することは不可能で、食べていくためには四六時中働かねばなりません。だから多くの知的障がい児は、見捨てられたかのように家の中で過ごしていたのです。

そのような状況をなんとかして変えたいと、知的障がい児の親たちが中心となって設立されたのがフェダール財団です。財団は、集めた資金で11ヘクタール（東京ドームの2倍強）の土地を購入してフェダール農園を開き、そこに校舎と作業場を作りました。

現在は約120人の知的障がい者が農園内の施設を利用しています。幼稚園児から高校生までは施設内の学校に登校し、障がいに応じ、独自に開発した特別なプログラムで学ぶことができます。公立の学校が知的障がい児を受け入れるようになったとはいえ、専門のトレーニングを受けた教師はほとんどおらず、校内の設備も完備されていないのが現状であることを考えれば、これは非常に恵まれた環境であると言えるでしょう。

成人は自分の興味ある仕事を選び作業することができますが、養豚、酪農、陶芸、紙漉き（かみすき）、絵画と並び、選択肢の一つとなっているのが、フェダール農園でのコーヒー栽培です。

高品質のコーヒーを自分たちの力で

筆者の川島は、2012年からこのフェダール農園での技術指導に携わっています。それを決心したのは、「障がい者施設が作ったコーヒーだから不味くても買ってあげようというのではなく、美味しいから買いたいと思われるコーヒー作りを目指している」という、この財団のスタッフの言葉に深く共感したためでした。

「情けで買ってもらうようなコーヒーを漠然と作るのではなく、正当に認めてもらえるような高品質のコーヒーを自分たちの力で作れるようになること」を目指した筆者の技術指導は大きな成果を上げました。品質は年々向上し、「フェダールコーヒー」は現在、日本とイギリスに輸出され、高い評価を受けています。農園の全体的な管理は、健常者4名が当たっていますが、施肥や収穫作業はすべて障がい者が担っています。

前理事長のリカルド・コボ・ディアス氏とは一緒によく園内を歩きましたが、その度に微笑(ほほえ)ましい光景に出合いました。行く先々で子どもたちがリカルドに抱きついてきて離れないのです。これは彼が本当に生徒から信頼され、愛されていたことの何よりの証(あかし)でしょう。

フェダール財団のコーヒーチーム

　また、農園施設内には彼らが自発的に考えた標語がそこかしこに掲げられているのですが、その中でとりわけ印象的で胸を打たれるものがあります。

「コーヒーは、私たちがより良い世界を夢見ることを、可能にしてくれます。自然は、私たちがそれを楽しむために生命を与えてくれます」

　このような言葉や、そこで働く彼らの輝くような笑顔は、ＳＤＧｓのゴール８にも掲げられているような「すべての人のために生産的な雇用と働きがいのある人間らしい仕事を提供する」ことの意義や素晴らしさを強く感じさせてくれます。

　ただ心配されるのは、フェダール財団自体

の「持続可能性」です。運営の資金は、コロンビア政府の補助と海外の支援団体からの寄付及び生産物の販売によって賄われているのですが、年々政府からの補助が減っています。さらに新型コロナウイルスの感染拡大がそれに追い討ちをかけ、非常に厳しい運営を迫られているのが現状なのです。

障がいのある社員のやりがいを創出したコーヒー

日本でも、コーヒーを通じて、ゴール8を体現する取り組みが進んでいます。

株式会社ベルシステム24ホールディングスの本社に2019年2月に開設された「プレミアムカフェ」では、コーヒー抽出のトレーニングを受けた障がいのある社員が、来客者や社員に美味しいコーヒーを提供しています。なお「ベルシステム24オリジナルブレンド」には、フェダールコーヒーとドイトゥンコーヒー（第3章）が使われています。

「人に優しい職場（コミュニティー）の創出」を行動理念に掲げるベルシステム24では、以前から、多様な人材が安心して働ける環境づくりのための「多様性プロジェクト」を推進していました。これまで障がい者の社員はオフィス内の掃除や仕分けなどを中心に作業をされていたそうですが、より「やりがいを持って従事できる業務の創出」を目指したこのオフィスカフェができてから、それまでよりさらに張り切って出勤するようになり、コーヒーを通して健常者の社員とのコミュニケーションも深まりました。

現在では、カフェ勤務を希望してベルシステム24に入社する障がい者の方々も増え、キャリアを積んだ彼らが、他の障がい者の方々にコーヒーの淹れ方を指導するまでになっています。

また、ベルシステム24はコーヒーを真に持続可能な農産物とするための「サステナブル・コーヒー・チャレンジ（Sustainable Coffee Challenge／SCC）」（詳細は第12章）にも参画し、2021年までにさらに最低3カ所以上にカフェを開設するという「コミットメント」を表明し、予定通りに達成しました。今では、札幌（2カ所）、広島、福岡、沖縄のコールセンター事業所内にもカフェが開設されており、そこでは障がいを持つ社員たちが活き活きと働いています。

また、コーヒー消費国である日本の障がい者の方々の「働きがい」と、生産国の「働きがい」をつなぐ試みとして、2020年に筆者らが中心となり世界で初めての「チャレンジ・コーヒー・バリスタ（Challenge Coffee Barista／ＣＣＢ）」が立ち上がりました。これは、バリスタコンペティションを通じて障がいのある方たちの技術の向上と新しい雇用を創造し、コーヒーを通して多くの人が障がいのある方と触れ合い、「皆が大切な存在」と認め合う社会を実現することを目指すものです。

コンペティションで使用されるコーヒー豆は、この章で紹介したフェダール農園、第３章で紹介したドイトゥン、第２章、第６章で紹介したサン・ミゲル農園のもので、生産国におけるＳＤＧｓの達成に貢献するものです。２０２１年５月に開催された第１回目のコンペティションには、ＳＤＧｓのゴール８が掲げる「働きがい」のある社会の実現に向けて、驚くほど多種多様な企業が賛同し、協賛してくれました。また、様々な分野でコーヒーに携わっている方々が運営に関わるとともに、コンペティションに参加する障がい者の方々への抽出トレーニングを申し出てくれました。第１回の成功を受け、２０２２年10月には第２回大会がさらに多くの参加者や協賛企業を得て開催されました。

このＣＣＢを経て、日本からコーヒーを通じた新たな「働きがい」が生まれていきます。

9 産業と技術革新の基盤をつくろう

コーヒーの技術革新

Industry, Innovation
And Infrastructure

サビ病の広がりで急がれた品種改良

開発途上国にとってコーヒー生産は、文字通り国の基盤を支える産業です。つまり積極的な技術革新による「持続可能な産業化」は、コーヒー産業のみならず、その国自体の未来を左右する重要なテーマだと言えるでしょう。

コーヒーは農作物なので、様々な品種改良が繰り返されますが、その目的は主に以下の3つです。

①病気に耐性のある栽培種を作る
②収量の高い栽培種を作る
③品質の高い栽培種を作る

この中でも特に「病気に耐性のある栽培種」が世に出たことは、コーヒー生産の「持続可能性」において、非常に意味があることでした。

1860年代にスリランカ（当時のセイロン）で初めて発見され、同島のコーヒー産業に壊滅的な被害をもたらしたのがサビ病です。コーヒーの葉に発生するサビ病は、その後アジア・アフリカ全域に蔓延したあと、1970年にはブラジルでも感染が確認され、1980年代になるとほぼ中南米全域に感染しました。ハワイ州はサビ病が伝染していなかった唯一のコーヒー産地でしたが、2020年10月21日にマウイ島で感染が確認されました。州内のコーヒーを栽培するすべての島に伝染するのは時間の問題でしょう。

サビ病の蔓延はコーヒー生産者たちの大きな脅威となり、対処法がわからなかった頃は、コーヒー栽培から紅茶に転作したり、アラビカ種の栽培を諦め、サビ病に耐性のあるロブスタ種に移行したりした産地もたくさんあったほどです。

その後、サビ病に有効な殺菌剤が確認されたものの、年数回の散布にかかるコストが生産者を苦しめることになりました。またコーヒーの生産地は水源から遠いケースが多いため、殺菌剤の散布に必要な水をどう供給するかも大きな課題となったのです。

そんな中、急がれたのが、サビ病に耐性のある栽培種への品種改良でした。

サビ病に抵抗性があるロブスタ種の遺伝子が入ったアラビカタイプの突然変異種「ハイブリッド・ティモール」が見つかったのはポルトガルの植民地時代の東ティモールです。その後1955年には、ポルトガルのリスボン郊外にサビ病専門の研究所CIFC（Centro de Investigação das Ferrugens do Cafeiro）が開設され、サビ病とハイブリッド・ティモールの研究が進められました。生産国の中でも技術が進んでいる国は、ＣＩＦＣから純正のハイブリッド・ティモールを入手して独自に他のアラビカ種と人工交配を行い、サビ病に耐性があり、かつ品質の良い栽培種を開発するようになったのです。

コロンビアの国立中央コーヒー研究所（ＣＥＮＩＣＡＦＥ）は、この分野でかなり先行しており、１９８０年代には「コロンビア」を市場に出しました。これは、ハイブリッド・ティモールと、アラビカ種の中でも矮性（わいせい）で高品質・高収量の「カトゥーラ」とを人工交配させた栽培種で、他の産地では「カティモール」と呼ばれているものと基本的には同じです。

このような耐性種が生まれたことで、多くのコーヒー生産者たちはサビ病の心配なくコーヒー栽培に従事できるようになりました。

またカティモール以外にも、ハイブリッド・ティモールをベースにしたいくつかのサビ病耐性変種が活躍しています。

ただ問題は、サビ病のほうも環境や殺菌剤に適応し進化を続けていることです。最初に市場に出されたコロンビアに感染するサビ病はすでに発生しています。

そこでＣＥＮＩＣＡＦＥでは、コロンビアの改良版「カスティージョ」も市場に出しました。カスティージョは、13タイプあり、その地域の気候・環境そして蔓延しているサビ病の種類によって、推奨される栽培種は異なります。さらに最近では、新たな改良種「CENICAFE1（ワン）」も出され、この他のアラビカ種との人工交配も各国で行われるようになっており、次々とサビ病耐性種が生まれています。

自走式収穫機の発明

コーヒー農園経営で、一番人手とコストがかかるのが収穫作業です。同じ地域ならほぼ一斉に収穫作業に入る必要性が生じるため、収穫労働者の取り合いとなるのも悩みの種でした。奴隷制度の廃止とともにコーヒー産業が衰退した生産国もあったほど、コーヒー産業にとって労働力の確保は重要な問題なのです。

その状況に大きな変化をもたらしたのは、1970年7月に、ブラジルの日系農機具会社Jacto社が、世界初の自走式収穫機「K3」を発売したことです。すべて手摘みが基本だったコーヒー生産にとって、これは非常に画期的な発明でした。

それまでブラジルで1人の労働力が1日で収穫できる量の平均は250リットルでしたが、この機械を使うと1時間で4,000リットル、1日8時間で3万2,000

リットルのコーヒーを収穫することができるようになり、大幅な労働力の削減が実現されるようになったのです。

この機械の出現により、ブラジルのコーヒー産業は飛躍的な発展を遂げることになります。その後改良が加えられ、最新の自走式収穫機には最高毎時1万4、000リットルの能力があるとも言われています。

ただし、自走式収穫機もすべての生産国で使用できるわけではありません。使える場所は基本的にはフラットな農地か、かなり緩やかな傾斜地に限られます。また高額な機械なので、小規模農家ではコストが合いません。それもあって使用されているのは、ブラジルでよく見られるような、農園が広大すぎて人手に頼っていては収穫時期を逃してしまうような産地や、ハワイ諸島（ハワイ島を除く）のように人件費が高くて手摘みできない産地に限定されています。

ブラジルでは、コーヒーチェリーを手摘みする農家は稀（まれ）で、小規模農家用にも収穫機が開発されました。熊手の先端が振動するパパガジョと呼ばれる機械を、コーヒー樹の枝に当ててコーヒーチェリーを下に敷いたシートの上に落とすやり方です。

技術革新にも影響するコーヒーの国際相場の低迷

このようにコーヒーの技術革新は、品種開発や収穫作業の効率化の分野で取り組みが進んできた一方で、金融サービスやバリューチェーンへのアクセス、開発途上国の研究開発支援も大きな課題と言えます。バリューチェーンで小規模農家が適正な報酬を受ける仕組みを作ることも大切ですが、やはり国際相場が本来の需要と供給によって成り立つようにし、国際コーヒー機関（ＩＣＯ）もしくはそれに変わる組織が以前のように需要と供給のバランスを取れるようにするシステムが必要でしょう。

以前は、世界の主要生産国にはコーヒー研究所がありました。その運営資金は、国によって多少の違いはありましたが、コーヒーの流通価格の数％を国が徴収することで賄っていました。その研究成果が生産者への技術指導につながったわけですが、多くの国の資金が国際相場の低迷により枯渇し、研究所が閉鎖されました。ほとんどの生産国で言えることですが、生産量のマジョリティを占めるのは大農園のコーヒーでも、生産者のマジョリティは小規模農家です。つまり、国際相場は農園の規模の大小にかかわらず影響し、それが技術開発・支援にまで関わってきます。

これらの点は、ＳＤＧｓに横断的に関わる課題として、今後国際的なネットワークも駆使して重点的に支援していくことが必要です。

10 人や国の不平等をなくそう

不平等をコーヒーで解決する

Reduced Inequalities

低所得層の人たちは、国の経済成長からどうしても取り残されがちです。国自体は経済成長を遂げているとしても、その恩恵を受けるのが高所得層の人に偏っていれば、所得格差は拡大することになります。

本来であれば、低所得層にも経済成長の恩恵がもたらされるのが理想であり、そのような現象を「トリクルダウン効果」と呼びますが、現実にはそのような効果はほとんど働かず、所得格差は世界中でむしろ拡大する傾向にあります。

「結果の平等」か「機会の平等」か

1990年代の日本では、「結果の平等」か「機会の平等」かという論争が起こりました。「結果の平等」とは所得に大きな差をつけないということですが、これを確保しようとすると、より多くのお金を得ようとする機会は制限されることになります。

それに対し、日本経済がバブル崩壊後、立ち直れないのは、「結果の平等」を求めるあまり、ビジネスチャンスが過剰に奪われていることが原因であり、アメリカのように「大金持ちになる機会」を認めるべきだというのが「機会の平等」を求める人の言い分でした。

そして次第に「機会の平等」こそが本当に追求すべき平等であるという声が優勢に

なり、所得格差の拡大が容認される社会へと変わっていきました。1960年代の高度成長期には所得格差が縮小し、平等と成長を同時に達成した国として知られていた日本は、気がつけば立派な「格差社会」に転換したのです。1990年代以降に生まれた若い人にとってはもはやそれが当たり前で、日本は「不平等な国」というイメージのほうが強いのではないでしょうか。

貧困の原因は単に本人の能力が欠けているとか、真面目に働かないという本人の問題（つまり、自己責任）ではありません。本当の原因は社会から排除され、まともに働く機会を奪われていることです。そこで、それまで排除されていた人たちを社会の中に取り込むこと、つまり「包摂」によって根本的な貧困対策を図ろうというのが、SDGsの考え方なのです。

経済的な貧しさは健康や教育にも影響する

172ページの表は、主な国の生活水準を様々な側面から検討した、国連開発計画（UNDP）の『人間開発報告』（2021／2022年版）からの抜粋です。コーヒーの消費国であるアメリカや日本の「1人当たり国民総所得」（以下平均所得）

各国の生活水準（2021年）

HDI順位		国名	人間開発指数	平均余命		期待教育年数	平均教育年数（25歳以上）	1人当たり国民総所得（GNI）
2018年	2021年		HDI	（年）	2018年からの変化	（年）	（年）	2011 PPP $
15	21	米国	0.921	77.2	-1.7	16.3	13.7	64,765
19	19	日本	0.925	84.8	0.3	15.2	13.4	42,274
67	61	パナマ	0.805	76.2	-2.1	13.1	10.5	26,957
68	58	コスタリカ	0.809	77.0	-3.1	16.5	8.8	19,974
76	86	メキシコ	0.758	70.2	-4.8	14.9	9.2	17,896
77	66	タイ	0.800	78.7	1.8	15.9	8.7	17,030
79	87	ブラジル	0.754	72.8	-2.9	15.6	8.1	14,370
79	88	コロンビア	0.752	72.8	-4.3	14.4	8.9	14,384
85	95	エクアドル	0.740	73.7	-3.1	14.6	8.8	10,312
96	110	ジャマイカ	0.709	70.5	-3.9	13.4	9.2	8,834
111	114	インドネシア	0.705	67.6	-3.9	13.7	8.6	11,466
118	115	ベトナム	0.703	73.6	-1.7	13.0	8.4	7,867
124	125	エルサルバドル	0.675	70.7	-2.4	12.7	7.2	8,296
126	135	グアテマラ	0.627	69.2	-4.9	10.6	5.7	8,723
126	126	ニカラグア	0.667	73.8	-0.5	12.6	7.1	5,625
131	140	東ティモール	0.607	67.7	-1.6	12.6	5.4	4,461
132	137	ホンジュラス	0.621	70.1	-5.0	10.1	7.1	5,298
147	152	ケニア	0.575	61.4	-4.9	10.7	6.7	4,474
157	165	ルワンダ	0.534	66.1	-2.6	11.2	4.4	2,210
173	175	エチオピア	0.498	65.0	-1.2	9.7	3.2	2,361

注）平均教育年数は25歳以上を対象とする。

注）期待教育年数：この年の教育パターンが続くと仮定して、教育を受け始める年齢のときに期待される教育年数。

国連開発計画『人間開発報告』（2021/2022年版）より作成。

を、国別の物価水準の差を取り除いたPPP（購買力平価）でドルに換算すると、それぞれ6万4、765ドル、4万2、274ドルであるのに対し、コーヒーの生産国であるブラジルは1万4、370ドル、コロンビアは1万4、384ドルと、3～4倍もの格差があります。世界第2位のコーヒー輸出国であるベトナムでも平均所得はわずか7、867ドルで、さらにケニアは4、474ドル、エチオピアは2、361ドルしかありません。消費国と生産国の間にはこれほど大きな所得格差があるのです。

とはいえ、その国の生活水準は、平均所得だけで測られるものではありません。そこで、健康を表す指標として平均余命も比較してみることにしましょう。

例えばブラジルやコロンビアなどの平均余命は70歳を超えているので、所得水準は低くても、健康は維持されていると言えるかもしれません。一方、ケニア、エチオピアなどのアフリカの国々の平均余命は60歳代にとどまり、これらの国々では経済的な貧しさが平均余命の短さに反映されていると考えられます。

実は前回調査（2018年）ではブラジルの平均余命は75・7歳で、コロンビアは77・1歳でした。つまり、ブラジルは2・9歳、コロンビアは4・3歳も短くなっているのです。ケニアも4・9歳短くなりました。これは明らかに新型コロナウイルス感染症のパンデミックによるものですが、この影響の深刻さも、経済的な貧しさと決して無関係ではありません。

次に教育について見てみましょう。

現在25歳以上の大人の平均教育年数を見るとブラジルやコロンビアでは8〜9年であり、日本の中学校卒業までの年数の教育しか受けていないことになります。エチオピアにいたっては4年にも届いていません。つまり、小学校以下の教育しか受けていない人がほとんどだということになります。

ただし、教育については開発途上国でも近年は改善されてきており、今の子どもたちが今後教育を受ける年数（期待年数）はもっと長くなります。コスタリカやブラジルでは日本より長くなっており、その他の多くの国では約12年と、日本の高校卒業までの年数をほぼ達成しています。エチオピアだけが9・7年と短く、日本の中学校卒業までの年数に近い数字ですが、この数字を見る限り中学校も卒業できずに働かなければならないという児童労働の数は減ってきていると予想できます。

しかしもちろん、児童労働が完全になくなったわけではありませんので、その点については今後も注視していく必要があるでしょう。

"人の暮らし"に焦点を合わせた豊かさの尺度

平均所得、健康、教育の3つの側面から各国の発展状況を見てきましたが、これらの3つの指標を統合したものが「人間開発指数」(Human Development Index／HDI)です。

言い換えるなら、「発展」を単なる経済成長ではなく、「人々の暮らしが良くなること」と捉えようとするものであり、国連開発計画によってその指数とランキングが1990年から公表されています。「経済開発」が経済に焦点を合わせるのに対して、「人間開発」は人の暮らしに焦点を合わせており、この考え方は、1998年のノーベル経済学賞を受賞したアマルティア・センの「ケイパビリティ・アプローチ」に基づいています。

ケイパビリティ・アプローチとは人が「何をできるか」という観点から人々の暮らしの良さを捉えようとする考え方です。

開発とは「人々の選択肢が拡大すること」と言われることがありますが、「人間開発指数」の観点から考えると「経済的に豊かな暮らしが送れる」だけでなく、「高い教育を受けることができる」「長生きをすることができる」などの様々な選択肢を獲得することだと言うことができます。

言い換えれば、人々が様々な生き方を選択する「自由」を獲得することでそれぞれの可能性を広げていく過程こそが開発なのであり、「人間開発指数」の提唱者であるセンの著書『Development as Freedom（自由としての開発）』のタイトルはまさにそのことを示しているのです。

ＳＤＧｓの17のゴールも、「十分な栄養を摂ることができる」「健康的に生きることができる」「教育を受けることができる」「衛生的な水を利用できる」「働きがいのある仕事ができる」「平和に生きることができる」「社会の活動に参加できる」「人々と連帯することができる」「豊かな自然と共に生きることができる」など、人々の生き方の選択肢と深く関わっています。

つまり、ＳＤＧｓの達成は、地球に住むすべての人たちの生き方の可能性を広げることにもつながるのだと言えるでしょう。

コーヒー農園の労働力確保と平等

さて、様々な人々の暮らしを支えるコーヒー産業ですが、一番労働力が必要となるのが収穫期です。そこで、収穫期における労働と平等について考えてみましょう。

収穫期になると、チェリーを摘む作業に携わる労働力の需要が発生します。同じ地域に位置する農園は、同時期に一斉に収穫が始まるので労働者の確保は容易ではなく、農園にとっての死活問題です。地元の労働者だけでは足りないので、産業の乏しい貧しい県の住民や人里離れた山中に住む先住民に頼るのが一般的です。

中にはコスタリカのように、他国の労働力が、収穫作業を担っている生産国もあります。

多くのニカラグア人が、コスタリカのコーヒー農園で働いていますし、コスタリカとパナマの国境地帯では、コーヒーの収穫期になると、パナマの先住民族の人たちがより良い収入と労働環境を求め、国境を越えて来ます。このような移動は政府の統計には現れにくいからこそ、コーヒーセクターとして隣国からの労働者を平等に扱う取り組みをすることが重要なのです。

コスタリカにおけるニカラグア人労働者の例で考えてみましょう。

スペインの経済新聞（EXPANSIÓN）に掲載された２０１９年の統計を見ると、コスタリカには人口の8・23%に当たる約42万人の外国人が住んでいます。その内訳を見ると、1位が70・98%のニカラグア人、2位が5・17%のコロンビア人、3位が3・38%のエルサルバドル人です。この数字を元に計算すると、約30万人のニカラグア人が住み、他の外国人を圧倒しています。しかしこれはコスタリカ政府に登録し、税金を払っているニカラグア人の数です。コスタリカのコーヒー関係者によれば、収穫作業に当たる労働者の60%はニカラグア人で、コスタリカには100万人のニカラグア人が住み、そのほとんどが不法滞在者で税金も払っていないとのことです。その中には、定住している人に加え季節労働者も多く含まれています。

ニカラグアは、1936年から43年間、ソモサ一族の独裁政権下にありました。それに対しサンディニスタ民族解放戦線が武装蜂起して第一次ニカラグア内戦が起こり、1979年に革命は成功しました。しかしアメリカの支援を受けた親ソモサ派との第二次内戦が勃発し、ニカラグアに平和が訪れたのは1987年です。ところが皮肉なことに、内戦終結によって大量の両軍兵士が失業者となってしまいました。内戦中は、戦火を逃れる戦争難民が生まれましたが、その後の度重なる経済政策の失敗や、新たな独裁者の出現により、多くの経済難民が発生しました。

やはり1970〜1980年代に内戦や政情不安があったグアテマラ、エルサルバドル、ホンジュラスの貧しい人々は、北を目指しアメリカ合衆国に不法入国を試みました。しかし、ニカラグア難民の多くは、南の豊かな隣国コスタリカを目指したのです。アメリカ合衆国に行くより距離が短くリスクも少なかったのが、一番の理由でしょう。

コスタリカに移ったニカラグア人の主要な働き先は、男性が工事現場、女性が家事使用人で、また男性と女性の双方が農業に従事しています。同じコーヒー生産国であるニカラグアからコスタリカに多くの農園労働者が移動したのも必然の結果でしょう。2016年のニカラグア人労働者の平均賃金は、男性でコスタリカ人の66%、女性で55%と低いのが実情ですが、これはニカラグア人が就く仕事の多くに高い教育レベルが求められず、賃金が低いためです。

しかしこれでも、ニカラグアで働くより倍の稼ぎになります。コスタリカ人の中には、不法に労働するニカラグア人を非難する人々もいますが、実はコスタリカのブルーカラーの仕事の多くはニカラグア人が担っており、その労働力なくしては、コスタリカの経済はもはや立ちゆかないのが実情なのです。そのことがわかっているコーヒー農園は、ニカラグア人労働者を平等に扱い、彼らの生活が豊かになるように支えています。

自国の労働力不足を他国からの労働力に頼ることは世界中の様々なセクターで見られます。日本でも外国人技能実習生という名目で来日した人たちが自由を奪われ、働かされている事例が数多く報告されています。それらの事例は、ゴール８（働きがいも経済成長も）のターゲットの中で言及されている「現代の奴隷制」に関わる問題となっています。政府の制度を利用して来日した人々の多くが人権侵害を訴える現状は、早急に改善すべきでしょう。

ＳＤＧｓでは人種や性別、経済的地位などにかかわらず、すべての人たちに対して平等な社会を保障することを目指しています。そのようなインクルーシブな社会をつくることが、持続可能な未来をつくっていくのです。

コーヒーとまちづくり

Sustainable Cities
And Communities

コーヒーは文化と街をつくる

エチオピアで生まれ、アラブ地域を経て世界中に広まったコーヒーは、それぞれの地域の風土や景観と融合し、独特のコーヒー文化を創り上げてきました。

コーヒー生産国においては、険しい山間に連なる無数のコーヒー畑と集落が織りなす美しい景観を作り出してきました。また、消費国においては、街のあちこちに見られる、人々の白熱した議論の場ともなったカフェの文化が、歴史的にも重要な役割を果たしてきたと言ってよいでしょう。

そうしてコーヒーは、その地域の人々の生活の一部となり、人々の暮らしや街の発展に貢献してきたのです。その影響はコーヒー生産国では特に大きく、コーヒーの存在抜きには語ることができない村や街が、世界各地にはたくさんあります。多くの生産国では、コーヒーはその土地の自然の恵みに育まれ、自然と調和し、人々の文化的価値やアイデンティティに根付いているのです。

そんな中、2011年にはコロンビアのアンデス山脈の西側と中央部にある6つのコーヒー生産地と18の都市が「コーヒー産地の文化的景観」としてユネスコの世界遺産に登録されました。

ユネスコの世界遺産とは、1972年のユネスコ総会で採択された「世界遺産条約（世界の文化遺産及び自然遺産の保護に関する条約）」に基づいて登録される「地球の生成と人類の歴史によって生み出され、過去から現在へと引き継がれてきたかけがえのない宝物」であり、「現在を生きる世界中の人びとが過去から引継ぎ、未来へと伝えていかなければならない人類共通の遺産」のことです。

この地域では、険しい山間の狭小な土地に適した伝統的な耕法によって約1世紀もコーヒー生産を継続させており、それがコーヒー生産の象徴として評価されたのです。厳しい環境のもとで持続的な生産を実現した農家の努力が認められたと言ってもよいでしょう。

山間には、コーヒーの出荷に向け細い道が縫うように作られ、それはやがて平坦な場所に位置する街へとつながっていきます。その道を歩いてみれば、この地域がコーヒー生産を中心に栄えてきた歴史を感じることができます。また、コーヒーはこの地域の伝統的な手工芸や建築、装飾、祭り、食べ物、人々の価値観などにも大きな影響を与えています。

つまり、この地域にとってコーヒーは、人々の暮らしを豊かに彩る文化そのものなのです。

失われたコーヒー生産地

コロンビアより前の2000年に世界遺産に登録されたのが、キューバ南東部の「コーヒー農園発祥地の景観」です。「開拓当時の農業形態や苦闘の痕跡を物語るもの」として、文化的景観が認められたことが登録の理由でした。

けれどもこのキューバ南東部は今、衰退か復興かの瀬戸際にあります。

シエラマエストラ山脈の麓、グアンタナモ州とサンティアゴ・デ・キューバ州の8万ヘクタールにまたがるこの地域は、19世紀の初め頃から世界有数のコーヒー生産地として経済的、社会的、技術的な発展を遂げました。

そのきっかけとなったのは、18世紀末のハイチ革命で追われたフランス系移民によって、スペイン領だったキューバのこの地に「アラビカ種ティピカ」がもたらされたことです。この地域にはプランテーションが広がり、精選工場やオーナーの屋敷も建てられていました。

ところが、このまま繁栄を遂げるかに思えたこの場所は、やがて急速に衰退の道を歩むことになったのです。

そこには主に2つの理由があります。

まず一つめは、1822年にポルトガルから独立したブラジルで大規模なコーヒー栽培が始まったため、世界的にコーヒーの価格が下がってしまったことです。

そしてもう一つの理由は、19世紀前半からヨーロッパの国々で奴隷貿易を廃止する動きが始まったことでした。コロンビアではその頃にはすでに自立した生産者たちがコーヒー生産に携わっていましたが、キューバの農園はその労働力のほとんどをアフリカから連れられてきた黒人奴隷に頼る、旧式のプランテーション型であったため、深刻な労働者不足に陥ってしまったのです。

また、1835年に、アメリカからの輸入品にスペインが課税をしたため、その対抗処置としてアメリカはスペイン製品に対し課税しました。当時まだスペイン領だったキューバとプエルトリコもその影響を受け、コーヒーや砂糖に課税されたことも追い討ちをかけることになりました。

その後中部地方のシエンフエゴスでも、同じ変種（アラビカ種ティピカ）のコーヒー栽培が始まり、1980年代には「クリスタル・マウンテン」というブランド名で、日本向けの輸出が始まりましたが、それよりも歴史が古かったはずの南東部のコーヒーは、ハリケーンの被害で生産量が徐々に減少しました。

政治的には、キューバは1902年にスペインからの独立を果たしましたが、その後1959年の革命を経て、1991年に起きたソビエト連邦の崩壊の影響で経済的基盤が揺らぎました。穀物などの援助がなくなり、国民への配給を滞らせないように主食の作物の作付面積を増やす必要に迫られたのです。その結果、コーヒーの生産量も減りました。キューバ人は、他の産地では見られないほどコーヒーをよく飲むので、国民へのコーヒーの配給を維持することが優先されたために、輸出量は減りました。さらにキューバ革命以降続くアメリカからの経済制裁で、肥料や農薬、農業機械の輸入が自由にできず、ソ連崩壊後は深刻な石油不足に陥りコーヒーの集荷や出荷に影響が出ています。

ティピカ復活プロジェクト

実は、そのような衰退の流れの中で、キューバコーヒーはその栽培種にも変化が起こっています。その原因は1980年代に蔓延したサビ病（P162）で、サビ病に弱いティピカは淘汰され、多収量でサビ病に耐性がある交配種にとって代わられたのです。なお、現在でも「クリスタル・マウンテン」という名のコーヒーは販売されていますが、これは80年代のそれとはまったく違うコーヒーです。

そこで筆者の川島は、キューバ南東部のコーヒー復興に、かつての栽培種であるティピカを復活させるプロジェクトを立案しました。そのためには、山岳地帯の森に埋もれたフランス人入植者の農園跡地を探し当て、野生化したティピカを再生しなければなりません。

２０１７年最初のキューバ訪問の際は、キューバ政府はこのティピカ探しにはそれほど関心を示しませんでしたが、南東部のコーヒー産業復興のプランがあることは確認できました。そこで川島は翌年も訪問し、ティピカ探しと並行して、政府関係者に世界のコーヒー市場の動向とキューバンティピカの希少価値を説明しました。

そして３回目の訪問の２０１９年11月、ついに人里離れた山中で廃虚と化したプランテーションと屋敷跡を発見しました。そこには、予想通り、野生化したティピカが生き残っていたのです。

この「ティピカ復活プロジェクト」は、農業省と地元のコーヒー関係者の協力のもと進めています。実際、かつてのプランテーション跡地の発見に至ったのも、ティピカの味を覚えている東部のコーヒーに携わる長老たちがプロジェクトに大きな期待を寄せ、多大なる協力を惜しまなかったおかげでした。

かつてコーヒーと砂糖で栄えたこの地域には、1903年にアメリカが永久租借した米海軍グアンタナモ基地があります。1959年のキューバ革命以降も、キューバ政府の返還要求に応じずこの基地は存在しており、キューバ政府により外国人がこの地域に入ることは制限されています。キューバ国民も自由に基地に近づくことはできません。また度重なるハリケーンの被害も多く、他の地域に比べて開発が遅れています。

つまり、「ティピカ復活プロジェクト」は、古くから当地に住む住民が待ち望む計画であり、キューバ南東部に住む人たちの共通の夢でもあるのです。

コーヒーと劣悪な環境

開発途上国の大都市には必ずと言っていいほど、スラムと呼ばれる地域があります。それは、コーヒー生産国も例外ではありません。

ブラジルのファベーラやジャマイカのゲットーなどは有名ですが、職を求めて首都や大都市に流入した地方の貧困層が安価に滞在できる場所に集団で居住することによってスラムは形成されていきます。

そのほとんどは国家の統計や管轄の対象に含まれず、生活に必要な公的サービスが行き届かないのが現状です。

下水道が完備されずに悪臭が漂う、劣悪な衛生状態の中で人々がひしめき合っているところもたくさんあります。電気や水道などの基本的なサービスを受けることもできません。また、公的な教育機関がないため、ほとんどの人たちは貧困のために教育も受けられず、そのせいで就労の機会にも恵まれません。

このような様々な種類の負のスパイラルに陥っているのが、スラムの現状なのです。それでもそこに住まざるを得ない人は大勢いて、その多くは地方の貧しい田舎からやむを得ず出てきた人たちです。生きる場所を求めて人々が移動した結果、生まれたのがスラムなのです。

一方、コーヒーが栽培される高地では、このようなスラムを見ることは滅多にありません。それは、農園や精選工場などで仕事を得て、生きていくための最低限の報酬を得ることが可能だからです。

しかし、国際相場が長期間低迷している現在では、コーヒー栽培を諦めてしまう生産者も現れ始め、農園や精選工場の仕事も減りつつあり、その結果、若者は都市部に流出し、その際、まず移り住むのがスラムなのです。

中には、スラムのコミュニティの中で仕事を探せる場合もあります。最初は路上での物売りのような、国家の統計や記録に含まれない、いわゆるインフォーマルな仕事が大半ですが、そこで経験を積むことでフォーマルな仕事に就ける可能性も開かれます。まともな仕事を得ることさえできればスラムから脱出することもできるので、フォーマルセクターへの入り口として、スラムを肯定的に評価しようという考え方もあります。

ただし、スラムの行方はその国の経済発展と人口成長によっても大きく異なり、もし経済成長率が十分に高ければ、経済成長と共に行政によってスラムの生活が改善されたり、スラム自体が消滅することもありますが、経済発展が停滞している国ではスラムは消えることはなく、むしろ拡大する危険性もあります。

コーヒー生産という観点から言えば、若者の流出は、農村部の高齢化と過疎化に拍車を掛けることにつながるため、コーヒー生産がさらに立ちゆかなくなることが懸念されています。

様々な地域に根付くコーヒー

一方で、コーヒー生産がスラムの人々の暮らしの改善に役立った例もあります。

ここでは、ジャマイカのジュニパー・ピーク農園を経営するコーヒー・トレーダーズ社の活動を紹介しましょう。

ブルーマウンテン山脈に複数のコーヒー農園と、キングストン市内に精選工場及びコーヒーショップを展開しているこの会社では、「環境と人権を守るコーヒー生産」をモットーとしており、工場周辺にある学校への資金的なサポートも行っていることでも知られています。

さらに、首都キングストンにある精選工場ではゲットーの住人の積極的な採用も行っているのです。

現在工場で働いている50名の男性と約500名の女性従業員のほとんどは、4カ所のゲットー（チボリ・ガーデンズ、アーネット・ガーデンズ、グリーンウィッチ・ファー

ブルーマウンテンコーヒーの品質選別。ここで虫食いや欠け豆、変色した豆がはじかれる

ム、デンハム・タウン）からやってくる人たちです。彼らはここで収入を得て、生活環境を大幅に改善させています。

その中の1人、リモーネ・ミークスもゲットーから工場に通う労働者でした。

そこでコーヒー生豆の手選別に長年携わっていた彼女は、努力の結果、品質管理室の責任者となり、コーヒーテイスターの国際ライセンスまで取得しています。今では、なんと会社を代表して海外出張もこなすまでになっているのです。

また、自分自身の成長にとどまらず、彼女は自分の家族にも大きな恵みをもたらしています。優秀な従業員として会長賞を受賞し、その副賞として家族に提供する奨学金を得たのです。そのおかげで、彼女の妹は看護学校に入学することができました。彼女は、妹にも自らの努力で貧困から脱出するチャンスをプレゼントすることができたのです。

ゲットーに住んでいる人々は、養わねばならない子どもの数が多く、最低限の生活を維持するだけでも大変です。女性のほとんどは十分な教育を受けておらず、スキルを磨く機会にも恵まれないため、職を得ることが非常に難しいという状況にあります。夫の収入にしか頼れないとなると、生活は非常に不安定になります。また、夫の負担が大きくなることで、家庭内暴力の問題も生じやすくなります。

女性たちがこの工場で就労し収入を得られるようになったことで経済的に余裕ができ、それにより夫である男性の肉体的、精神的な負担も軽減されるようになりました。この工場はゲットーに囲まれ、決して治安が良いとは言えない場所にあるのですが、工場の存在に感謝している男性たちが用心棒となって、この工場を守ってくれていると言います。

スラムに暮らす人々が自らの生活を改善するために自主的に努力し、行動を起こすと、住民の間に連帯感と責任感が生まれます。その力は、トップダウン型のプロジェクトよりも強く、スラムの問題を改善していく上での一つの鍵とも言われています。

このように、コーヒー生産は、多くの人々に支えられるからこそ、様々な地域に根付き、村やまちを形成し、人々の生活に変化をもたらすことができるのです。

12 つくる責任
つかう責任

ーをつくる人の
飲む人の責任

onsible Consump
And Production

廃棄物に対して消費者ができること

私たちは消費者としてモノを消費しています。しかしその消費の過程で、同時に環境を破壊している可能性があります。一方、生産者も消費者に提供するモノを作るために資源を使います。しかしそれも、同時に環境を破壊している可能性があります。そしてそのような環境の破壊を伴う消費や生産はすべて「持続不可能」であると言わざるを得ません。

もちろん生きていく限り、私たちは資源を利用しなければなりません。そのためにはどうしても避けられない環境破壊もあるでしょう。また、貧しい人たちの生活水準を上げるためにも資源の利用は必要です。

ただしそのような状況の中でも、「消費や生産」をできる限り持続可能なものにするためには、過剰な資源の利用を控えて温室効果ガスの排出を抑制することや、資源を効率的に利用することを目指さなければなりません。これらの課題は国や企業に任せておけばいいと考えがちですが、私たち一人一人が取り組むべき重要な課題なのです。

スーパーやコンビニでのレジ袋の使用を減らすべきだという考えが日本でもようや

く浸透し、カフェなどでもプラスチック製のストローを紙製のものに切り替えるという工夫も始まりつつあります。けれども消費者としてできることはまだまだたくさんあることにもっと多くの人が気づかなければなりません。

特に廃棄物に対しては消費者としてできることはたくさんあり、そのキーワードとなるのが3R、すなわちリデュース、リユース、リサイクルです。

環境省のウェブサイトでは、その内容は次のように説明されています。

●リデュース⇩物を大切に使い、ゴミを減らす。

［例］必要ない物は買わない、もらわない。買い物にはマイバッグを持参する。

●リユース⇩使える物は、繰り返し使う。

［例］詰め替え用の製品を選ぶ。いらなくなった物を譲り合う。

●リサイクル⇩ゴミを資源として再び利用する。

［例］ゴミを正しく分別する。ゴミを再生して作られた製品を利用する。

ここではこれら3つのRの間に優先順位は付けられていませんが、EUにおいては廃棄物ヒエラルキーというものが存在し、廃棄物に対する対応が優先度に応じて5段階に分類されています。

①Prevention（プリベンション、防止）⇩廃棄物を出さないこと
②Reuse（リユース、再使用）⇩元と同じ目的で利用すること
③Recycling（リサイクル）⇩廃棄物を原材料として新しい製品を作ること
④Recovery（リカバリー、回収）⇩廃棄物を他の有用な目的に用いること。例えば、廃棄物を焼却して熱エネルギーを得ること
⑤Disposal（ディスポーザル、廃棄）⇩もっとも持続可能でない方法。埋め立てなど

つまり、もっとも優先度が高いのが「プリベンション（廃棄物を出さないこと）」であり、もっとも望ましくないのが、「ディスポーザル（単純な廃棄）」だということです。

例えば、コーヒーショップにマイカップを持参したり、マグカップで提供してもらえば、持ち帰り用のカップをゴミとして出さずに済みますし（プリベンション）、持ち帰り用のカップも繰り返し使ったり（リユース）、例えば小物入れにするなど別の目的に使えば（リサイクル）、ゴミを減らすことにつながります。それもできなければ、

燃やして暖房の熱源にする（リカバリー）という選択肢もあります。このように「使い捨て」を当たり前にするのではなく、単純に廃棄するのはあくまでも最終手段であるという意識をすべての人が持つことが大切なのです。

日本のプラスチック循環利用協会は、「わが国の廃プラスチックの有効利用率は2018年では84％と高い水準」であるとし、「これは世界でもトップクラスに位置し、わが国のリサイクルへの取り組み意識の高さを示しているものといえます」と誇らしげに述べているのですが、実際にはその半分以上を「サーマルリサイクル」が占めています。日本では、廃棄物を焼却して熱エネルギーを得る「サーマルリサイクル」をリサイクルの一つとして位置付けていますが、EUの基準ではそれはあくまでも「リカバリー」であり、リサイクルより優先度は低いとされています。つまり、EUの基準に従うなら、日本は明らかなリサイクル後進国であると言えるのです。

コーヒーが環境を破壊する？

コーヒーの生産者、つまり、つくる側にできることにはどのようなことがあるのでしょうか。

実は、コーヒー栽培は、環境破壊の元凶であるかのように批判された時代もありました。

その理由の一つは、廃棄物の多さです。

第6章でも触れた通り、コーヒーは、加工が前提の農作物であり、その過程で大量の廃棄物や排水が出てしまうことは避けられません。収穫後の精選と呼ばれる種（コーヒー豆）を取り出す過程の中で、コーヒーチェリーから取り除かれた果皮は、ジャムや「カスカラティー」の茶葉などに加工されることもありますが、それはほんの一部にすぎず、そのほとんどは廃棄されます。つまり、精選が終わる頃には、果皮の廃棄物が大量に生じるのです。

この大量に出る果皮の廃棄物を有効利用すべく、世界各国で生産者たちが積極的に再利用に取り組んでいます。

例えば、果皮を分解し堆肥化して畑に撒いたり、栄養価の高い果皮を食べさせたミミズの糞を畑に撒いたりと、肥料として再利用するほか、果皮に石灰を撒いて中和させたあと天日で乾燥させ、それをコーヒーの機械乾燥の燃料として使用することも盛んに行われるようになりました。果皮と同様に破棄されるパーチメントも、そのまま燃料として使われています。

さらに脱殻後のコーヒーの果肉を乾燥させて粉状に加工すれば、小麦粉の代替品としてパンやケーキの材料に使うこともできます。「コーヒーフラワー」と呼ばれるこの粉は、果肉のほんのり甘い風味があり、ポリフェノール、ビタミンA、繊維質、タンパク質、カリウム、鉄分を多く含み、アメリカなどではスーパーフードとも呼ばれ、健康志向の高い人たちが注目する商品にもなっています。

また、コーヒーの果実は、青い未熟なものよりも真っ赤な完熟した果実のほうが価値は高く、それがコーヒーの品質を高めるのですが、完熟した果実だけを摘み取るという作業は時間がかかるため、急いで収穫しようとするとどうしても未熟な実まで収穫してしまいます。

生産者からの買い取り価格が品質にかかわらず一定である場合は、生産者には完熟した果実だけを収穫しようとするインセンティブを欠くことになり、それは結果的にコーヒーにより多くの未成熟豆が含まれることにつながります。コーヒー会社や消費者が安いコーヒーを追い求めることは、生産者側のつくる意識を低下させ、長い目で見ればコーヒー産業にも良いことはないのです。

コモディティコーヒーでもスペシャルティのように品質が重視されるようになれば、より良い価格で売れるというインセンティブによって、丁寧な収穫が行われ、それが結果的に未成熟豆や欠点豆を最小限に抑えることにもつながっていきます。つまり、完熟まで収穫を待つことで、より多くのコーヒーが美味しくなって世界に流通することにもつながるのです。

コーヒーは味や香りを楽しむ嗜好品(しこうひん)です。安さでなく品質を評価することが、コーヒー農家の生活向上に貢献するだけでなく、コーヒー産業全体を底上げしていくという事実を、もっと多くの人に気づいてほしいところです。

コーヒーを飲む人の「つかう責任」

現地の「つくる責任」と、消費国の「つかう責任」をつなぐ仕組みの一つとして、コーヒーに関わる様々な認証プログラムがあります。

最近はスーパーの店頭でも認証ラベルのついた製品を見かけるようになりました。日本では、国際フェアトレード認証ラベル(運営機関はフェアトレード・インターナショナル)やレインフォレスト・アライアンスのマークを見かけることが多いようです。スミソニアン®協会による、バードフレンドリー®プログラムの製品も見かけます。

最初の2団体は国際的なネットワークを持つ、規模の大きい団体です。2団体に比べるとやや規模は小さくなりますが、バードフレンドリー®にも、12カ国、5、000戸以上の農家が参加しています。

コーヒー生産は環境や社会問題と密接に関わるため、認証団体が審査対象とする基準の多くが、SDGsの項目を横断的にカバーしています。そこで、各団体が特に重点的に取り組むSDGsの項目のみをまとめたのが204ページの表です。なお、レインフォレスト・アライアンスは2018年に別の団体「UTZ」と合併し、2021年7月から新しい認証基準の運用を開始しています。

認証団体が審査する項目の内容には、大きく分けて、環境、社会、農園管理の3つの分野があります。審査基準は団体ごとに異なり、団体によって力を入れている分野では、より細かい内容が定められています。

例えば、フェアトレードは人権の保護や小規模農家への配慮、レインフォレスト・アライアンスは環境保全や農園管理などに特に力を入れています。

各認証プログラムの概要

	レインフォレスト・アライアンス	国際フェアトレード認証	バードフレンドリー®認証
ロゴマーク	RAINFOREST ALLIANCE PEOPLE & NATURE	FAIRTRADE	BIRD FRIENDLY Smithsonian Migratory Bird Center
設立年 開始年	1987年 *2018年に(旧)レインフォレスト・アライアンスとUTZが合併	1997年	1999年
本 部	オランダ、米国	ドイツ	米 国
団体のミッション	社会と市場の力を利用して自然を保護し、農業生産者と森林コミュニティの生活を改善することにより、より持続可能な世界を創造する	途上国の生産者が貧困に打ち勝ち、自らの力で生活を改善していけるよう、企業・市民・行政の意識を改革し、フェアトレードの理念を広め、より公正な貿易構造を根付かせる	渡り鳥の壮大な移動の現象を理解し、保全する 【バードフレンドリー®プログラム】 森林破壊の脅威からもっとも質の高い渡り鳥の生息地保護を目的とする
参加農家数	2021年7月 より監査開始	838,116 (2020年)	5,100 (2021年)
販売実績 (トン)	2021年7月 より監査開始	226,338 (2020年)	745 (2021年)
特に関連の高いSDGsのターゲット	1, 2, 3, 4, 5, 6, 8, 10, 12, 13, 15, 17	1, 2, 5, 8, 12, 13, 16, 17	12, 13, 15

2021年の旧レインフォレスト・アライアンス認証プログラムの参加農家数:296,612戸 販売実績438,001トン

2021年のUTZ認証プログラムの参加農家数:385,003戸 販売実績658,282トン

学術研究団体であるスミソニアン®協会によるバードフレンドリー®プログラムは、渡り鳥の保全に注力をしており、認証ロゴと共に販売される製品のロイヤリティの一部は、スミソニアン®渡り鳥センター（ＳＭＢＣ）の調査・保護活動の費用に役立てられます。

各団体とも、コーヒー生産における課題や可能性に着目し、改善したい、という点では思いが一致しているため、審査する項目には共通点があります。ただ、それによって各認証団体の内容の違いが、わかりにくくなっていることは否めないかもしれません。そしてこれは、参加する農園側にとっても共通する悩みでもあり、農園としてどの認証を取得すればよいのかがわからない、という声も聞かれます。

このため２０１８年に、大きな認証団体のうち、レインフォレスト・アライアンスとＵＴＺの２団体が合併したことは、コーヒーを作る側にとっても、使う側にとっても、認証市場を整理し、各団体が目指す目的への理解を深めることに貢献すると言えるでしょう。長期的には、認証コーヒー市場自体の成長につながることが期待されます。

コーヒー業界に広がる「つくる責任」への取り組み

前述の認証プログラム以外にも、様々な理念を掲げ、コーヒーのサステイナビリティに関わるプログラムがあります。大手のコーヒー企業は、独自のサステイナビリティに関わる調達プログラムを策定し、実施しています。

スターバックス社の「C．A．F．E．プラクティス」、ネスレ社の「AAAサステイナブル・クオリティプログラム」は、第三者機関による農園の審査と農家への様々な支援を組み合わせ、自社の調達計画にサステイナビリティへの配慮を組み込んでいます。

また、2015年にはコンサベーション・インターナショナル（CI）がコーヒーを真に持続可能な農産物にすることを目的に、「サステナブル・コーヒー・チャレンジ」というイニシアチブを立ち上げました。これは、コーヒー業界をよりサステイナブルにすることを目指し、生産者、焙煎業者、政府、教育機関など、多様な関係者が自ら新たな目標を宣言、実行、報告するものです。前述の認証団体や、スターバックス社、ネスレ社も名を連ね、認証の範囲を超えた新たな動きを作り出しています。ただ、日本の会社でこの活動に参加しているのは数社しかなく、特に大手コーヒー会社がまったく入っていないのが残念です。

　また、団体として規模は小さくても、地域社会に根ざしてコーヒー農家の様々なニーズを支える活動や、小さな農園のサステイナビリティに関わる取り組みも行われています。活動主体や農園主の顔がわかる形で伝えられれば、それはそれでとても付加価値の高いコーヒーとして楽しむこともできますし、消費者の「つかう責任」への意欲を刺激することにもなるはずです。

　日本にいる消費者の私たちが、常に店頭やレストランでそのようなコーヒーを求め続ければ、コーヒーを通じた「つかう責任」を果たすことができます。そして、日本のコーヒー業界には、サステイナブルなコーヒーを公正な価格で取引する責任があるのはもちろん、自社の取り組みに基づき、消費者の「つかう責任」を喚起する責任があるのです。

コーヒーの気候変動対策

Climate Action

コーヒー生産地が直面している気候変動の現実

今や気候変動は、環境問題という枠組みを超え、開発や経済、人権問題にも絡む複雑な問題と化していますが、世界のコーヒー生産地にもすでに様々な影響を与えています。

中南米では近年多くの地域で気温の上昇や降雨の変化が報告されました。高温多湿な環境の変化に対策が追い付かない農園では、放っておけばコーヒー樹ごと枯らしてしまうサビ病（P162）が大流行し、コーヒー価格の下落も相まって、多くの農家がコーヒー栽培を諦める事態へと発展しています。

サビ病には「雨季に蔓延し、乾季には活動が弱まる」という特性があるので、日頃からコーヒー樹に十分な栄養を与え、雨季になる前と雨季中に殺菌剤を撒き、日射量の確保と湿度が上がらないよう風通しを良くするために日陰樹の枝を落としておけば、被害は最小限に抑えることができます。つまり、本来であれば、サビ病とうまく共存することは難しくはなかったのです。

ところが、気候変動の影響によって雨季と乾季のパターンにズレが生じ、殺菌剤を撒いたり、シェイドコントロールをするタイミングを計ることが難しくなってしまいました。

しかも、雨季の雨量が想定外のレベルに達した地域では、サビ病が活動しやすい湿度がいつまでも保たれ、本来ならそれとは無縁であるはずの乾季でさえサビ病の被害が見られるようになっています。

また、気候変動は極端な天候をもたらすことが多く、アフリカの一部の地域では、雨季の期間が短くなり、頻繁に干ばつが起こるという現象も現れています。

このような事態は多くの人々、特にコーヒー生産が農産物生産の半分を占める中南米地域の人々の生活を困難にしています。また、地域によっては突然霜が降りたり、雹（ひょう）が降ったり、強風がさらに激しくなるなど様々な形の自然災害が観測されています。

数多くの自然災害が気候変動の影響によるものであると科学的に実証する作業は、とても時間がかかるプロセスです。しかし、コーヒーの生産地を訪問する度に、多くの生産農家の人たちが「何十年もここでコーヒー農園をしているが、こんな天気は初めてだ」と口を揃えます。現地の農家の人々の実感がこもったこのような言葉に、世界はもっと耳を傾けなければいけません。

コーヒー生産地域の移動と減少

気候変動の影響によって、２０５０年までに世界で多くのコーヒー生産地域が移動したり、縮小したりすることがすでに予測されています。

巻頭カラーページ②に掲載した中南米地域の地図は、２０１０年時点と２０５０年時点（予測）でのコーヒー生産適地を示したものです。つまり、２０１０年時点にはこの地域の大半を占めていた生産適地が２０５０年には大幅に減少すると予測されているのです。しかもこれは中南米地域に限った話ではなく、同様の事態は世界レベルで起こると考えられています。

前述したように、コーヒーの樹種には大きく分けてアラビカ種とロブスタ種があります。ロブスタ種は、低地の気温の高い地域で多くが育てられますが、アラビカ種の多くは高地で日中と夜間の寒暖差が大きい地域で育てられます。

ただ、今後気候変動の影響で気温上昇が確認される地域では、アラビカ種に適した栽培環境がより高地へと移動することが予測されています。しかも、東南アジアやアフリカ地域を含む世界各地にその文化が広がったこともあってコーヒーの消費量は年々増加しており、２０５０年までにその需要は3倍に増加すると言われています。

高まる世界のコーヒー需要に応えるために、その生産量をさらに増やす必要がありま す。しかしそれは、現状の技術ではまだ残されている高地の豊かな森林がコーヒー栽培の犠牲になるかもしれない、ということを意味しているのです。

それだけではありません。

コーヒー農園が高地に移動することで森林破壊が進めば、森林が蓄えていた二酸化炭素は大量に大気中に放出されます。つまり、気候変動によってコーヒー農園が高地に移動すれば、気候変動をますます悪化させるという悪循環に陥ることも十分にあり得るのです。

そのような負のループを断ち切るには、気候変動に適応しながらコーヒーの生産性を維持するための様々な努力や工夫が必要なのです。

気候変動の影響に適応するコーヒー生産とは？

通常、コーヒーは苗を植えてから収穫までに2〜3年を要し、安定した収穫を得るまでには5年以上かかります。気候変動の影響に適応するための努力は、早急に着手しなければ、手遅れにもなりかねません。

そのため、すでに多くのコーヒー生産地では、様々な気候変動への適応策が積極的に講じられています。

例えば干ばつ対策としては、日陰樹や畝と畝の間に高くならない植物（グランドカバー）を植えることで、土壌に保水性を生み出す取り組みがなされています。日陰樹を必要としないサングロウンコーヒーの畑ではとりわけグランドカバーは重要で、これがあるのとないのとでは、乾季の時期に大きな差が出ます。

実は1970年以降、サングロウンコーヒーのサビ病への耐性が注目されるようになり、日陰樹と共生させながら育てるシェイドグロウンコーヒーからの転換を進める農家が増えていたのですが、干ばつ被害が深刻になった近年、スペシャルティコーヒーブームも相まって、シェイドグロウンコーヒーの良さが改めて見直されています。なお、森林伐採の抑制にもつながるシェイドグロウンコーヒーのメリットについては、第15章で詳しくお話しします。

また、ロブスタ種の根は、非常に強く地中深く張るため、アラビカ種の根では届かないような、水分を保っている深いところまで生長し干ばつに耐えられる可能性があります。

そこで接ぎ穂にアラビカ種を使い、台木にロブスタ種を使った苗を作る技術が広がりました。接ぎ木というこの方法はもともと、線虫に耐性のあるロブスタ種を台木にして、アラビカ種を栽培する方法として広まったものです。

風の影響も年々増えており、元来風が強かった地域への影響も、さらに強くなったり長期化したりしています。強すぎる風は葉を飛ばしたりコーヒー樹そのものを倒したりするだけではなく、地面の水分も失わせてしまいます。それに備え、近年は防風林を植える農家が増えています。

サプライチェーン全体で支援する重要性

コーヒー農園が気候変動に適応するためには、それぞれの農園によって異なるニーズを踏まえた対策が重要です。

というのも、コーヒー農園の多くは農園主の想いが強く反映されるため、同じ地域でも植えられているコーヒーの樹種や日陰樹、農園管理の仕方などは実に様々だからです。さらに農園の地理的な位置、地形や土壌、コーヒーの木の樹齢などの条件まで加味すれば、隣接する農園でもまったく異なる気候変動対策が必要ということもあり得ます。

このような多様なニーズに応えるため、コーヒー農家が気候変動に適応するための知識や方法、研究結果を広く共有するプラットフォーム型のウェブサイトも立ち上がっています（https://coffeeandclimate.org/）。研究熱心な生産者は、自らの農園のニーズに合わせ、実に様々な方法を試したり取り入れたりしているのです。

ただその一方で、多くの小規模農家は、生産コストの増加や世界的なコーヒー価格の下落、労働力不足などの問題に追われており、気候変動に適応するための知識や技術を持ち合わせていません。また、コーヒーが気候変動に適応するための研究が多くなされても、研究結果が広く現場で採用されるまでには膨大な時間がかかります。科学的な研究の多くが、結果を得た後、結果を広く普及させるまでの計画や予算を持っていないことも大きな課題となっています。

世界中のコーヒー農園が気候変動に苦しんでいる現実に、毎日コーヒーを楽しんでいる人の多くは目を向けていません。

しかしコーヒー生産を持続可能なものにするためには、コーヒーを取り扱うサプライチェーン全体で知識を共有しながら協力し合い、気候変動に適応するための戦略的な対策を講じていかなければなりません。

ネスレ社やスターバックス社は、気候変動適応への支援の一環として、コーヒー農園の回復力を高めるためにコーヒーの苗木を無償で供給する取り組みに参加しています。

しかし、コーヒーの苗木の提供だけでは、根本的な解決にはなりません。各農家のニーズに沿ったさらなる支援が重要なのです。

コーヒーで守る海の豊かさ

Life Below Water

深刻な海洋汚染をもたらすマイクロプラスチック

海洋汚染の大きな原因と言われる「海洋ごみ」の中でも、特にやっかいなのは自然界で分解しないペットボトルやプラスチック製品です。ウミガメの鼻にストローが入ったり、魚がプラスチックのレジ袋を誤って食べたりすることもあり、海洋汚染のみならず、海の生態系にも大きな危機をもたらします。

プラスチックごみの犠牲になった動物の例が、2019年の4月にリゾート地として有名なタイのプーケット島の近くで保護された赤ちゃんジュゴンの「マリアム」です。人懐こい仕草で人気者になっていたマリアムは、保護されてから約4カ月後の8月17日に死亡してしまいます。死後解剖を行ったところ、約20㎝の大きさのものを含む、複数のプラスチック片が胃の中から見つかり、マリアムは血液の感染症と胃の中に膿(うみ)が溜まったことが原因で死亡したと考えられているのです。

さらに深刻なのは、マイクロプラスチックと呼ばれる微小なプラスチックです。洗顔料や歯磨き粉などのスクラブ剤として利用されているマイクロビーズはもともと微小なものですが、大きなプラスチック製品でも長期間紫外線や波の力にさらされることでボロボロになって小さな破片になります。結果的に5㎜以下のサイズになったものをマイクロプラスチックと呼んでいます。たとえ直接海に捨てなかったとしても、雨で流され、最終的に海に流れ着き、最初は大きかったものが、海に漂っているうちにどんどん細かく砕かれ、やがてはマイクロプラスチックへと形を変えてしまうこともあります。

マイクロプラスチックが問題となる理由は、もともと有害性のある化学物質が残留しているものがあることと、プラスチック自体に有害物質を吸着する性質があるためです。それを魚などの生き物が食べるとホルモンに異常をきたして生殖が妨げられたり、障害が引き起こされたりします。さらに、マイクロプラスチックが体内に蓄積されている魚を人間が食べることで、人間の体にもなんらかの影響が及ぶ危険性を指摘する声もあります。

一旦海に流れ出てしまったプラスチックごみを回収することはほぼ不可能です。つまり、海に流れ出す前に抑える必要があるのです。プラスチックごみの多くは、大都市の近くを流れる主要な大河川から流れ出ていることはわかっており、河口でごみを回収するという方法が講じられていますが、それ以前の問題として、そもそもプラスチックごみを出さないということが必要であることは言うまでもありません。

2020年7月1日からプラスチック製のレジ袋の有料化が義務付けられたのもプラスチックの過剰な使用を抑制するためですが、レジ袋はプラスチックごみのごく一部であり、それだけでこの問題が解決できるわけではありません。プラスチックの使用や廃棄は、可能な限り削減していかなければならないのです。

コーヒーに関することで言えば、提供者はレジ袋だけでなく、持ち帰り用のプラスチックカップを紙製のものなどへ切り替えること、消費者側はマイカップやマイボトルを持参することなどが、その重要なアクションになります。ストローを紙製に切り替える動きもあり、そもそもストローを使わなくても済むようなカップも開発されています。消費者の中には、マイストローを持参する人もいます。コーヒーを飲む際のアクションの一つ一つが、海の、ひいては地球や自分の〝健康〟を左右していることを、私たちはもっと真剣に考えるべきなのではないでしょうか。

過剰な栄養や二酸化炭素も海洋汚染の原因

富栄養化もまた、海洋汚染の原因となります。

富栄養化とは、海水の栄養が文字通り「豊か」になることであり、豊かな栄養はもちろん「海を豊かにする」ことにもつながります。森林で栄養分が作られ、それが海に流れ込めば、その養分で植物性プランクトンが増え、それを食べる動物性プランクトンが増え、さらにそれを食べる稚魚や小魚が増えれば、それを食べる大きな魚も増える……。漁師たちがせっせと山に木を植えるのも、このような食物連鎖が起こることを知っているからです。

ただし、過剰な富栄養化は、海の生物を逆に死滅させます。その典型が、夏になるとプランクトンが異常に増えて、海が真っ赤になる「赤潮」という現象です。赤潮は海洋環境を急変させ、プランクトンの中には毒性を持つものも存在するため、生物にも大きな被害を与えることがあります。

プランクトンが異常発生する原因は、農業で使われる肥料や、十分に処理されない生活排水の流出です。海ではありませんが、琵琶湖で１９７７年に発生した大規模な赤潮の原因の一つは、リンを含む合成洗剤でした。そのため滋賀県では、合成洗剤の使用をやめ、天然油脂から作られる粉石けんを使おうという「石けん運動」が広がり、その後、１９７９年10月には工場・事業所に対して合成洗剤の使用禁止などを定めた「滋賀県琵琶湖の富栄養化の防止に関する条例」も制定されています。

海洋を汚染するのは、実は固体や液体だけではありません。地球温暖化の原因となる二酸化炭素の一部が海水に溶け込むことでも汚染は起こります。それが、「海洋酸性化」と呼ばれる現象です。

本来海水は一般的に弱アルカリ性ですが、二酸化炭素が多く溶け込むことにより酸性に傾き、結果的にアルカリ性が弱まります。それによって生物の殻や骨格になっている炭酸カルシウム生成の妨害をもたらすと考えられており、海洋生物の生育に影響を及ぼす危険性が懸念されているのです。つまり、二酸化炭素排出量を抑えることは、海の健全な環境を維持する上でも重要だと言えるでしょう。

改善に向かうコーヒー生産の排水処理問題

海の豊かさを守るためには、海に流れ込む川の水が健全でなければならないことは言うまでもありません。しかも、その川の水の健全さを守るのは、森林や山岳の健全さです。ここでは、一見海とは無関係に思えるコーヒー農園が海の豊かさに与える影響について考えることにしましょう。

農薬の使用に関する規定が曖昧だった頃は、劇薬とも言えるレベルの農薬を多用するコーヒー農園がたくさんありました。また、汚水の処理についての規定もなかったため、コーヒーの水洗加工で排出される酸性の汚水や、コーヒーチェリーの果皮がそのまま河川にたれ流されてしまっていたのです。そのためコーヒー産業は山の自然を破壊するのみならず、河川の水質を変え、その影響は海にまで及んでいるという大きな批判の声があがっていました。１９８０年代に深刻化したジャマイカのブルーマウンテン山脈の自然破壊も、その元凶はコーヒー農園にあると結論づけられていたようです。

飛行機の窓からアフリカの海岸線を見ると、海岸と並行して防波堤のように細長く島ができている光景をよく目にするのですが、これは、雨や風により流された山間部の表土が徐々に海に押しやられ、河口の先に堆積したものです。その原因もまた、山間部で行われた無計画な森林伐採なのです。表土を失った山は植物が一切生えないハゲ山になってしまい、さらに土壌流亡が激しくなるという悪循環に陥ります。ひとたび大雨が降れば、平野部に大きな被害をもたらす危険性もあります。

さらに堆積した土砂で中州ができた海岸では、海の生態系にも大きな影響を与えます。その土砂に化学肥料や農薬が残留している可能性が高ければ、事態はさらに深刻です。サイクロンなどで洪水が起きたあと、中州の存在のせいでなかなか水が引かなければ、沿岸部で生活している人々の生活を脅かすことにもなってしまうでしょう。

現在では、消費国での残留農薬の規制が厳しくなったこともあり、生産国でも減農薬の意識は非常に高くなってきています。また、害虫の生態を研究して罠を仕掛けたり（フェロモントラップ）、天敵を使った「バイオロジカル・コントロール（生物的防除）」や病気が発生しにくい環境づくりなどによって、農薬の使用を必要最低限にする取り組みも進められています。その目的の一つは農薬のコストを下げることでもあるので、長年にわたる国際相場の低迷は、減農薬という意味では功を奏しているとも言えるでしょう。

また、多くの生産国で、精選工場に対する厳しい排水基準が設けられたので、汚水をたれ流している工場を見ることは少なくなりました。今ではたとえ小規模農家であっても、汚水処理の設備を設けているのが一般的になっています。

なお、排水基準の厳しいコスタリカでは、排水の浄化に時間と手間がかかるコーヒーのファーメンテーション（発酵）は原則として禁止されており、節水方式のプロセスが一般的になっています。

コーヒーで守る陸の豊かさ

Life On Land

地球サミットで注目された「生物多様性」の概念

「生物多様性」という概念が注目されるようになったのは、1992年にブラジルのリオデジャネイロで開催された「地球サミット」(国連環境開発会議)において、「生物の多様性に関する条約」が採択されたことがきっかけでした。「生物多様性」とは、ひと言で言うと「生きものたちの豊かな個性とつながりのこと」(環境省自然環境局生物多様性センターのウェブサイト)です。

実は野生動物の保護に関してはその20年前から世界の大きな関心事になっており、1971年には湿地の生態系保全を目的とした「ラムサール条約」が、また1972年の「国連人間環境会議」での議論を経て、1973年には野生動物を保護する「ワシントン条約」が結ばれています。これらは特定の生態系や生物種を取り扱っていましたが、「生物の多様性に関する条約」は、地球上に生まれた3,000万種とも言われる多様な生きものすべてが対象です。その上で、「生態系の多様性・種の多様性・遺伝子の多様性という3つのレベルで多様性がある」としています。

この生物多様性が損なわれる原因としては、環境破壊によって生物が生きる環境が破壊されていることのみならず、外来生物によって在来種が失われていることや、気候変動によって生物が生息できる環境が失われていることが挙げられます。

絶滅危惧種の保護と絶滅防止も、「生物多様性の損失を阻止」するためには必要です。ちなみに絶滅危惧種をまとめたレッドリストは、国際的には国際自然保護連合（ＩＵＣＮ）が作成し、国内的には環境省や地方自治体やＮＧＯなどによって作成されています。

環境省が２０２０年に公表したレッドリスト２０２０によると、国内の絶滅危惧種（海洋生物以外）は合計３、７１６種にものぼっています。野生生物を違法に捕獲したり、食したりする密猟は、絶滅危惧種保護のみならず衛生・感染症管理上の観点からも重大な脅威とされています。

一方、開発途上国の場合、生態系や生物多様性の維持に重きを置くことで、生活の質の向上が犠牲になったり、場合によっては生活の手段が失われてしまう危険があります。ここでは、コーヒー生産をからめ、そのような現実とそれを打破するための取り組みについて、お話しすることにしましょう。

コーヒー生産と生物多様性

伝統的なコーヒー栽培は、森の多様な樹木が織りなす林冠部の下、木漏れ日を利用しながら行われていました。特にエチオピアの森で生まれたアラビカ種は、高地で昼夜の温度差の激しい生育気候を好むため、日陰樹を利用した生育方法であるシェイドグロウン（日陰栽培）が適しています。日陰率の割合は、個々のコーヒー畑の自然環境や生育されるコーヒーの樹種によって異なりますが、メキシコでの研究では日陰率35～65％の間でもっともコーヒーの生産性が上がったことが報告されています。

シェイドグロウンの場合、日陰樹からの落葉が、マルチングとして地面を覆うので土壌の保湿力が高まり、適切に管理することができれば、肥料を減らすことも可能です。また直射日光が地面に当たりにくいので、化学肥料を使ったとしても揮発して大気を汚染することを抑えてくれます。

高木の日陰樹は、根を深く張るので土壌流亡を軽減します。また、背の高くならない植物を植えれば土の表面がさらされないため、いわゆるグランドカバーとして表土を守ってくれます。さらに直射日光が地面に当たらず雑草が生えにくくなるため、除草作業も必要ありません。当然除草剤も不要なので、除草剤が雨で流れて河川を汚染することもなくなります。

熱帯地域の多様な樹木と共生できるシェイドグロウンのコーヒーは、結果的に、鳥類、昆虫類、コウモリを含む様々な哺乳類の保全に貢献することにつながります。その中には多数の絶滅危惧種も含まれます。メキシコの自然保護区周辺では、伝統的なシェイドグロウンを続ける小規模農家が多く、それらの農園周辺では原生林とほぼ変わらない鳥類や昆虫類の豊かさが確認されています。

生物の多様性が逆に、コーヒー栽培にもたらす恩恵もあります。蜂や蝶などの昆虫類は、コーヒー樹の花だけでなく、時に日陰樹として採用される果樹やマカダミアナッツ等の花の蜜を吸い、受粉媒介の役目を果たします。また、餌を探してやってくるたくさんの鳥やコウモリは、コーヒー樹にとって害虫となる昆虫を捕食してくれます。

ジャマイカのブルーマウンテンコーヒー農園で行われた研究では、コーヒー生産の天敵とも言われる「コーヒーベリーボアラー」という害虫を食べている可能性が高い鳥が17種確認されました。それらの鳥が自由に訪れることができる区画は、鳥が入れないように網で囲った区画と比べ、1ヘクタール当たり1〜14%ほどコーヒーベリーボアラーの被害が減ることもわかりました。それらの価値を経済的価値に換算すると、年間＄44～＄105／ヘクタールに相当すると報告されています。またコスタリカの同様の研究では、コーヒー農園を訪れる鳥によってコーヒーベリーボアラーによる被害額が年間＄75～＄310／ヘクタール減ることが報告されています。

つまり、伝統的なシェイドグロウンを継続するコーヒー農園を守ることは、生物多様性の保全と、地元の人々の生計を支える経済活動を両立させるための貴重な手段だと言えるのです。

質より量の風潮で加速したサングロウンへの転換

ところが突然変異で日陰が必要ない矮性の栽培種が生まれたことで、日陰樹をすべて切り払い、太陽光を存分に利用する生育方法であるサングロウン（日向栽培）への転換が始まりました。

特にその傾向に拍車が掛かったのは、1970年以降にサビ病（P162）が中南米に伝播（でんぱ）してからです。その対策として、前出の矮性種とサビ病に耐性のある突然変異種を人工交配させた栽培種が生み出され、シェイドグロウンの畑は次々とサングロウンの畑へと姿を変えていきました。当時の交配種はまだ品質の安定性では劣っていたものの、サビ病に対する脅威と「質より量」が重視されたこともそれを後押ししました。日陰樹を植えるスペースが不要な上、矮性種であるために栽植密度が高く、しかも、日陰樹を伐採した分大きく広がった畑では機械での収穫も可能になります。サビ病への対策コストもかからず、人件費も低く抑えられ、しかも生産性も高いとなれば、目先の利益を求める農家がそれに飛びついたのは当たり前のことだったかもしれません。

その結果、シェイドグロウンからサングロウンへの転換が急激に進み、中南米全体では、伝統的なシェイドグロウンを採用していた農家のおよそ半数が、１９７０〜１９９０年の間に日陰樹を大幅に減少させたと報告されています。

低地で気温の高い生育環境を好むため、そもそも日陰を必要としないロブスタ種の単一栽培畑がアジア地域を中心に広がったことも相まって、２０１０年に世界19カ国を対象とした調査では、コーヒー生産面積のうち伝統的なシェイドグロウンでコーヒーを育てているのは24％にとどまり、35％が部分的なシェイドグロウン、41％がサングロウンであるという結果が報告されています。

生産性という意味では非常にメリットが大きいサングロウンですが、そこには森林伐採という負の側面があります。森林伐採それ自体が生態系や生物多様性に及ぼす深刻な影響は計り知れず、さらにはシェイドグロウンのような「生物の多様性による恩恵」を受けられなくなるため、大量の化学肥料や農薬が必要にもなります。

また、シェイドグロウンで日陰樹として採用されている多くの高木は、コーヒー樹と共に二酸化炭素を蓄えます。気候変動の主な原因となっている二酸化炭素の排出量を減らすことは喫緊の課題になっています。しかし、シェイドグロウンからサングロウンへの転換が進んだり、あるいは国際相場の暴落が原因でシェイドグロウンのコーヒー農園自体が閉鎖されて放牧地等に転換されたりすれば、それまで樹木が蓄えていた二酸化炭素は大気中に放出されることになってしまいます。

コロンビアの農園にて

シェイドグロウンのコーヒー農園を維持することは、生物多様性の保全だけでなく、コーヒー農園で働く人々やその周辺で暮らす人々の生活を守るため、さらには気候変動の影響を軽減するためにもとても重要なことです。

それに成功している農園の一つが、コロンビア南部、カウカ県ポパヤン郊外にあります。

ベジャビスタ農園という名のその農園を歩くと、無数の鳥のさえずりと虫の声に包まれます。コツコツコツ、と珍しい音がして見上げれば、キツツキが高木の上をつついています。そんな様々な「自然が奏でる音」は、労働者がコーヒーの実を収穫し、さざめく葉の音や楽しげな会話と、まるで調和しているかのようです。

農園には現地固有の高木樹からやや背の低いフルーツの樹まで、様々な樹種がコーヒーの木と共に「日陰樹」として植えられ、太陽の木漏れ日は日陰樹の樹冠部からやさしくコーヒーの木に降り注いでいます。農園の敷地内には、コーヒー農園とは別の区画に手つかずの広大な原生林が保全されており、原生林の中を下りていくと、きれいな湧き水が地面を潤しています。ベジャビスタ農園では、生物多様性の保全に力を入れており、農園の食堂の壁一面に鳥類や蝶類のポスターが貼り巡らされています。農園の生物多様性の豊かさは地元のカウカ大学の目にも留まり、共同研究の対象農園として選ばれるほどです。調査の結果、131種の鳥類が確認され、そのうち、11種は渡り鳥を含む在外種が農園を訪れていることがわかりました。また、223種もの蝶類のうち、66種が現地固有種です。この農園では、労働者自らが生物多様性の調査に参加し、40種の樹種を確認しています。

それはなぜ実現できたのでしょうか。

2000年、イヴァンとアルマ・レポジェード夫妻は前農園主からベジャビスタ農園を引き継ぎました。自然と共生するコーヒー農園を持つことが夢だった夫妻は、農園を自分たちの理想に近づけるためにはどうすれば良いのかを常に考える、大変勉強熱心な人たちでした。

いろいろと調べていくうちに、レインフォレスト・アライアンス認証が取り入れている農園管理の基準が、自分たちが思い描く農園の姿に大変近いことに気づきました。そして、レインフォレスト・アライアンスの仕組みを学び、少しずつ取り入れていったのです。

実は、ベジャビスタ農園はその地形の特性から、サングロウンの区画がほとんどでした。この地域はもともと雲がかかりやすく、自然に日陰がかかったような農園環境になりやすいためです。

夫妻は、もともとあった原生林にはまったく手をつけず、柵を作って農園内の保護区域に指定しました。そして区画ごとの地形や日当たりを考慮し、日当たりの良い区画に少しずつ日陰樹を増やしました。農園内に狩猟禁止や野生動物保護のサインを貼り、農園で働く人たちにも生物多様性を守ることが自分たちの将来を豊かにすると、環境教育を実施したのです。

このように、農園一体となって森や生物を守りながら美味しいコーヒーを作ることに成功したベジャビスタ農園は、その後レインフォレスト・アライアンスの認証を獲得し、自然と共生しながら見事に農園を発展させることができました。

その後、2011年にイヴァンが心臓発作で急逝し、アルマは女性農園主になりました。しばらくは深い悲しみに暮れていたアルマですが、1年後には見事に立ち直り、農園はますます自然豊かに美しく整備されています。

そんなアルマに、農園で積極的に生物多様性保全に取り組む理由を尋ねてみたところ、興味深い答えが返ってきました。

「生物多様性を守ることとは、結局、私たちの農園や生活を守ることなのです。2012年と2014年に、コロンビアのこの地域では珍しく、雹が降りました。特に、2014年の雹は、コーヒーの花が開いてすぐに降ったので、花が地面に落ちてしまい、その年の収穫率は通常の45％減まで落ち込んでしまったのです。でも、農園内で特に日陰樹に厚く守られている区画は、雹の被害が少なかったのです。自然の恵みが、自然災害からコーヒーを守ってくれた。それ以降、私の農園では天然更新で、日陰樹を増やし続けています」

このように生物多様性は、自然災害から人間を守る防災の役割も果たしているのです。

生物多様性の保全に取り組む認証団体

コーヒー生産と生物多様性の保全は密接に関係しています。

特に都会に住む人は、生物多様性の保全と言ってもあまりピンとこないかもしれませんが、私たち日本の消費者もコーヒーを通じて、生物多様性の保全に貢献できます。日本で流通するほとんどの認証団体のコーヒーには、生物多様性の保全に関連する項目が認証基準に含まれているのをご存知でしょうか。

中でも、スミソニアン®協会が渡り鳥の研究のために設立したスミソニアン®渡り鳥センターのバードフレンドリー®プログラムの基準は、生物多様性の保全に関する基準が非常に厳しいことで知られています。

有機農法に加え、最低11種類の日陰樹の採用や樹冠率40％以上が義務付けられるほか、日陰樹の高さにも基準が設定されています。具体的には日陰樹の20％が15メートル以上の高木、60％が12メートル以上の中木、20％が小木であることが必要で、この日陰樹の割合を満たしたコーヒー農園は、ある地点から観察すると、まるで原生林のように見えます。

ベジャビスタ農園が取得したレインフォレスト・アライアンス認証も、シェイドグロウンを奨励し、生物多様性の保全と社会環境への配慮に力を入れています。

なお、特に認証は獲得しなくても、様々な方法で自然を大切にする農園が世界各地にあります。そんな農園のコーヒーには、現地特有の様々な生物多様性の保全を背景にしたストーリーが隠されています。それぞれの産地のストーリーに注意を払い、生物多様性を守りながら生産されているコーヒーを選べば、生産地からはるか遠くで楽しむコーヒータイムも、より大切な意味合いを持つようになるのではないでしょうか。

コーヒーで平和と公正を

Peace, Justice
And Strong Institutions

事故や疾病は不可抗力であるケースも多々ありますが、「暴力や、暴力に伴う死亡」は、人間が作為的に起こすものです。つまり、理論上はすべてをなくすことも不可能ではありません。

しかし、日本のような比較的安全とされる国においてさえ、様々な形の暴力に苦しめられる人は後を絶ちません。

海外に目を向けると、民族や国家間の対立に端を発する暴力が常態化されている国は数多くありますし、中には国家権力による暴力がまかり通っている国もあります。このような国に住む人々は平和とは程遠い日常を強いられることになります。また、経済的な困窮がきっかけとなり、平和が奪われてしまうケースもあります。

コーヒー産業がその経済状況を左右することが多いコーヒー生産国では、世界的なコーヒー価格の下落も、人々の平和な暮らしを脅かす重要なファクターとなり得るのです。

ルワンダの残酷な歴史

アフリカの中央に位置するルワンダ共和国は人口1、346万人、面積2万6、

300平方キロメートルで、日本の14分の1ほどの小さな国です。

もともとは「ルワンダ王国」だったこの国の民族構成は、フツ族が8割以上を占め、残りのほどんどをツチ族が占めています。少数派のツチ族が多数派のフツ族に対して優位にあった期間が長く、そのような歴史的背景から時に対立することもありましたが、明確な分断はなされてはいませんでした。ドイツの保護領となった1890年以降も、両民族の関係は同様に保たれていたと言われています。

ところが、第一次世界大戦後、ルアンダ=ウルンディとしてベルギーの植民地になったことで、その状況に変化が起こります。植民地政府は少数派であるツチ族を優遇して植民地統治に利用し、多数派のフツ族を支配される側に明確に位置付けたのです。それによって2つの民族の間には、かつてないほどの深い対立が生まれることになりました。

ルワンダは1962年にベルギーから独立を果たしますが、ベルギーはそれまでのツチ族優遇から一転してフツ族を支援し、フツ族のカイバンダを初代大統領とする政権が誕生しました。そしてこの際多くのツチ族が国を追われ、難民となり近隣の国にとどまることになりました。

その後もツチ族は排除され続けますが、経済は順調に回復し、1980年代末にはアフリカの模範生と見なされるほどに発展していました。この経済成長にはコーヒー産業も少なからず貢献していました。

しかし、1989年にコーヒー価格が暴落すると順調な経済発展に陰りが見え始めました。

そんな中、隣国のウガンダに逃れたツチ族の難民たちが中心となり、反政府武装組織「ルワンダ愛国戦線」(RPF)が結成されます。そして1990年にはウガンダ大統領の支援を受け、祖国に侵攻し、ルワンダ紛争を勃発させたのです。

国際社会による仲介が不調に終わる中、1994年4月6日には当時の大統領だったジュベナール・ハビャリマナが暗殺されます。RPFの仕業であると確信した政権の急進派たちは、RPFを支持するツチ族に対する怒りを爆発させ、ツチ族の大量虐殺へと向かってしまいました。この虐殺は、RPFがフツ過激派を武力で打倒したことで終わりを迎えますが、約3カ月の間に、多数のツチ族とフツ族の人々が殺害されました。この「ルワンダ虐殺」によって全人口の10~20%に当たる50~100万人にのぼる人々の命が奪われたと推定されています。

「ルワンダ虐殺」後、対立を煽る民族の呼称は公式に廃止されました。1994年7月に樹立された新政権で副大統領を務め、その後2000年には大統領に就任したカガメは、現在も大統領として国民から圧倒的な支持を得ています。

「涙のコーヒー」

近年、そのような歴史をもつルワンダのコーヒーが注目されています。ルワンダのコーヒー栽培の歴史は、1903年キリスト教ドイツ人宣教師が、グアテマラから持ち込んだアラビカ種ティピカの種を、ブルンジ国境のミビリジ村の修道院の庭に植えたのが始まりだったと言われています。

当時のキリスト教の布教活動の手法では、その地にない農産物を教会周辺で栽培することで人々に関心を持たせ、信者を増やしていきました。ですから中南米、アフリカにコーヒー栽培が広まったのは、キリスト教が大きく関わっています。

幸いミビリジ村の自然環境が、この種の生育に適合したようで品質の高いコーヒーが産出されるようになりました。

当時の宗主国ドイツもコーヒー栽培を推奨し、生産性向上のためのサポートもしていたため、全国的に広まり多くのルワンダ人がコーヒー栽培に携わるようになりました。そうしてコーヒーは、ルワンダの主要な輸出品へと成長していったのです。

ちなみにこのティピカが、なぜ異なる種名を冠したブルボン・ミビリジと呼ばれるようになったかは不明です。あくまでも推測の域を出ませんが、以前はコーヒーの品種の分類が確立されていなかったため、誤った名前が付けられたのではないでしょうか。

第一次世界大戦後、ルワンダを植民地支配するようになったベルギー当局は、農奴的なコーヒー栽培を彼らに強要するようになりました。そのせいでルワンダの人々にとってコーヒーは、「生きるために仕方なく」栽培するものでしかなくなってしまい、いつの間にか品質は二の次にされてしまうようになったのです。

ベルギーからの独立後もその状況が変わることはなく、コーヒーの品質向上へのモチベーションは相変わらず低いままでした。そこに追い討ちをかけたのが、1989年以降のコーヒー価格の暴落で、これによる国の経済状況の悪化も「ルワンダ虐殺」の遠因になったとも言われています。

ところが2003年以降、そんなルワンダコーヒーに追い風が吹きます。世界的なスペシャルティコーヒーブームに加え、「ルワンダ虐殺」という歴史的な悲劇によって皮肉にもルワンダという名前が世界に知られるようになり、「涙のコーヒー」として多くの人に飲まれるようになったのです。

ただし、いつまでも「涙」という付加価値だけに頼っていては、厳しいコーヒー市場での競争に勝つことはできません。その輸出量が農産物総輸出額の14・8％、全体の輸出額でも6・9％（ルワンダ政府の国家農業輸出局／NAEBの2019年次報告）と重要な位置を占めているコーヒー産業のあり方は、そのまま国の経済基盤の行方を占うものなので、その改革はルワンダにとって大きな課題でもありました。

そこで、安定して売れるコーヒー産業にするために生まれた試みの一つが2017年にスタートした国際協力機構（JICA）の「ルワンダ・コーヒープロジェクト」（正式名称「ルワンダ・コーヒーバリューチェーン強化プロジェクト」）です。

ルワンダ・コーヒープロジェクトでの技術指導

ルワンダ産コーヒーの市場での競争力を高め、生産者である農家の収入向上と「貧困」削減を実現し、それを平和構築にもつなげようという「ルワンダ・コーヒープロジェクト」には、2つの大きな柱が掲げられています。

その一つが、「コーヒー栽培・加工技術を改善させ、単位生産性向上と安定した品質を目指す」というものでした。

人口の8割が農業に従事しているルワンダでは、そのうちの約2割がコーヒー栽培に携わっています。その大部分が小規模農家により行われていることもあって、技術的・品質的に改良の余地が多く残っていました。そこで、ルワンダ西部のコテムカマ農協とコパカキ農協の精選工場と組合員の生産者を対象に、JICAから依頼を受けた筆者の川島が包括的なプログラムを作り、栽培から精選加工に至るまでの技術指導を行うことになったのです。

プロジェクトがスタートするまでは、現地ではほぼすべての工程において、驚くような慣習がまかり通っていました。「生きるために仕方なく」コーヒーに関わっている彼らのモチベーションがそのままそこに表れているのは明らかであり、とにかくすべてを根本から打ち破る必要があったのです。

そもそもまともな苗床さえなかったので、まずは苗作りの指導から始めました。また、ルワンダの西部地区は急斜面の畑が多いので、簡単に作れて土壌流出を防ぐこともできる「テラス造成法」を採用するための技術指導も行いました。

さらに、コーヒー樹の剪定法の指導も行いました。国が誤った剪定方法を指導し、なおかつそれも徹底されていなかったのです。

実は彼らには肥料を与える習慣はなく、収穫時には果実の熟度に関係なく豆を収穫していました。そこで施肥の重要性についての理解を深めてもらった上で、それぞれの畑に合った施肥プログラムが提案され、収穫時には「完熟豆だけを摘む」ことの指導も行いました。

収穫後の豆の扱いも当初はかなり酷いものでした。工場で日々の掃除も行われず、メンテナンスもされていない状態で、豆に傷が付いたりきれいに果皮が取れていなかったりしたのもそのせいだったのです。加工前のコーヒーチェリーの選別も行われていなかったため、売り物にならない粗悪な品質の豆まで一緒に加工するという無駄も生まれていました。それらを改善するため、加工機械のメンテナンスやクリーニング、加工前のコーヒーチェリーの選別も徹底的に指導しました。

また、コーヒー豆の乾燥の過程でも、そもそものメカニズムが理解されておらず、一般的に8日～10日で済むはずの工程に20日以上を要していました。そのせいで通常なら5人程度で作業できるボリュームに、なんと200人以上が携わっていたのです。しかも、それだけ時間と人員を割いているにもかかわらず、乾燥台に構造上の問題があり、乾燥にムラが生じていました。そこで乾燥台を改良した上で、効率的な乾燥方法の指導も行いました。

このプロジェクトには青年海外協力隊も参加しており、彼らはルワンダの人々にコーヒー飲用の習慣を根付かせる活動も行っていました。他の多くのコーヒー産地同様に、コーヒー農家の人たち自身にコーヒーを飲む習慣がないこともまた、彼らがコーヒー栽培に前向きになれない理由になっていたからです。

そうやってコーヒー栽培と加工の基礎を一から学び直し、コーヒー飲用の文化が少しずつ広がっていく中で、彼らのコーヒー栽培に対するモチベーションは徐々に高まっていきました。プロジェクト開始から3年目には、2つの農協から代表者3名ずつを連れてコーヒー先進国であるコロンビアを訪問しましたが、これには大きな成果がありました。それまで指導されてきたことが、コロンビアの小規模農家で実践されているのを目の当たりにしたためです。畑のコーヒー樹は、見たことがないほど果実をたわわに付け、またそんな少人数ではできるわけがないと思い込んでいた作業が、非常に効率的に行われている。彼らには、驚きの連続でした。

帰国後の彼らのプロジェクトに対する姿勢は、大きく変わりました。撮影してきた写真や動画を、農協職員や組合員に見せ、率先して新しい技術を広め始めました。

ルワンダ特産コーヒーの復活

「ルワンダ・コーヒープロジェクト」のもう一つの目的は、「純正のブルボン・ミビリジを復活させ、ルワンダの特産銘柄として付加価値の付いたコーヒー販売を目指す」ことです。

ルワンダのコーヒー生産を管轄している、国家農業輸出局（NAEB）は、コーヒー生産者にブルボン・ミビリジの栽培をさせず、サビ病に耐性があり多収量の人工交配種を推奨していました。

ルワンダは、内陸国という地理的なハンディがあります。通常ルワンダコーヒーは、ケニアのモンバサ港かタンザニアのダル・エス・サラーム港から輸出されますが、どちらもルワンダの首都キガリから1，400キロ以上離れています。つまり他の生産国よりも陸送のコストがかかり、価格面での競争力が失われますし、すでにそれがルワンダコーヒーのネックにもなっています。

どこの国でも植えているような人工交配種を栽培しても、ルワンダコーヒーの優位性はありません。実は川島は、エルサルバドルの研究所の栽培種の試験区で、ブルボン・ミビリジを見てその存在を知っていました。しかしまさかそれが、ルワンダのミビリジ村から来ているとは知らなかったのです。ルワンダの地名が付いた在来種「ブルボン・ミビリジ」を植えれば、付加価値が生まれ、競争力も高くなると考えた川島はこの栽培種の復活をNAEBに勧めました。

当初はまったく耳を傾けてはくれませんでしたが、その後幸いなことにRAB（ルワンダ農業局）の試験区に、6タイプのブルボン・ミビリジが植えられているのが確認でき、このプロジェクトへの協力を取り付けたことでようやく道が開けました。

2019年の夏には6タイプから収穫したコーヒーの品質官能試験を行い、品質の良い3タイプを選抜しました。ただ実生で苗を増やすには、試験区のコーヒー樹の数が少なすぎ種子に限りがあるので、選抜種の葉から組織培養でクローンを作ることにしました。また、RABに組織培養の設備があるのは追い風になりました。

2020年から組織培養での苗作りを開始し、並行して2農協への技術指導を続ける予定でしたが、新型コロナウイルスの影響でプロジェクトは大幅に遅れてしまいました。ブルボン・ミビリジが、ルワンダの特産品として市場に出るまでにはまだ時間はかかりますが、この取り組みは「涙のコーヒー」からの脱却につながるでしょう。

17 パートナーシップで
目標を達成しよう

コーヒーの
パートナーシップ

Partnerships For The Goals

互いの現状を知らない生産者と消費者

SDGsの達成に向けては、「グローバル・パートナーシップ」すなわち、国境を越えた協力・連携を欠かすことはできません。

コーヒーは、国境を越えたステークホルダー（直接・間接的な利害関係）が存在するグローバルな商品でありながら、生産地が開発途上国にほぼ限られる一方、消費者は主に先進国に住んでいるという特殊な事情があります。そのため先進国の消費者は、コーヒーがどのように栽培され、収穫されているかを知る機会はほとんどなく、一方、開発途上国のコーヒー生産者はとにかく値段が上がることばかりに注目し、先進国の消費者がどのようなコーヒーを好むかにはほとんど関心がありません。その現状を変えるためにも、生産者と消費者が互いについてもっとよく知り合う必要があります。

かつては開発途上国でコーヒー生産に従事する人たちの貧困問題が先進国の消費者に伝えられることはほとんどありませんでしたが、近年では前述のような認証プログラムの広がりもあって、関心や問題意識を持ち始めている消費者は徐々に増え始めています。

一方で、開発途上国の生産者たちの中には、先進国の消費者がどんなコーヒーを求めているかについての関心は決して高まってはいません。つまり、生産者→消費者という方向のつながりは、まだまだ不十分だと言わざるを得ないのです。

コーヒーの生産者たち自身にコーヒーを飲む習慣がないことは、彼らがその品質にあまり関心を持たない理由の一つであることには間違いありません。しかし、実はそれ以上に影響しているのが、彼らが生産したコーヒーを買い上げる側の姿勢です。

例えば日本国内などでは、農作物の品質と買い取り価格は一般的に比例します。つまり、生産者にとって、「品質の良いものを作れば、通常より高く買ってもらえる」ということが、「品質に気を配る」モチベーションになり得るわけです。

ところが、先進国と開発途上国間で取引されることが多いコーヒーの場合、いくら品質の良いコーヒー豆であっても、仲買人は高く買ってくれるとは限りません。

そもそも仲買人によって買い取られたコーヒー豆が品質によって分けて保管されることは滅多にありません。たとえ1人の生産者がいいものを作ったとしても、ほかのコーヒー豆とすぐにいっしょくたにされてしまうため、いいものを作ろうというインセンティブがまったく働かないのです。

こういう状況では、生産者は品質を気にするより、たくさん作ることに専念するのも当然だと言えるでしょう。

１９９０年代初めにはコーヒーをほとんど輸出していなかったベトナムが、２０００年には世界第2位のコーヒー輸出国になれたのは、なぜだと思いますか？

それは、「とにかく低価格になるよう、（品質は無視して）大量に作る」という目標に向けて、その真面目さと能力の高さを発揮したからです。そして、その目標を与えたのは、ほかならぬ、コーヒー市場の悪しきメカニズムなのです。

コーヒーの世界市場における価格は、ほぼ10年ごとに大きく変動してきました。その大きな変動を避けるため１９６２年に「国際コーヒー協定」が結ばれて、国ごとに輸出割当量が設定され、供給過剰を抑制しようとしてきたのです。そしてこの協定は、コーヒー豆の国際価格を高めに維持する上で、ある程度の有効性がありました。

ところがそれは、消費国からすれば高いコーヒー豆を買わされることを意味します。自由化の波は当然ながらコーヒー市場にも押し寄せ、国際コーヒー協定に批判的なアメリカが協定から脱退したことがきっかけで、１９８９年に輸出割当制度は停止されてしまいました。そうして自由に輸出を増やせるようになったことは、新参者であるベトナムにとって確かに〝有利〟だったと言えるでしょう。

さらにベトナムにとって追い風になったのは、低品質のコーヒー豆をそれなりに飲めるようにする技術革新が起こったことです。

つまり、ベトナムが世界第2位の輸出国になれた背景には、低価格・低品質のコーヒー豆への需要の高まりがありました。低価格・低品質のコーヒーを大増産したことで「コーヒー危機」を招いたとして、ベトナムはほかのコーヒー輸出国から厳しい非難を受けましたが、彼らは市場の需要に真面目に応えただけなのです。

2000年代初めのコーヒー危機以来、フェアトレードのような認証団体や援助団体が、コーヒー生産者を支援する活動を行い、コーヒー豆の生産地で、いったい、何が起こっているのかを消費者に伝えていったことは既述の通りです。

そして、こうした認証プログラムは、開発途上国の生産者たちが、コーヒーの適切な栽培方法、環境を破壊しないための配慮、労働者の生活を改善する必要性について学ぶことを後押しします。さらには、遠く離れた先進国の消費者がどんな商品を求めているのかについて知ることにもつながります。

つまり、認証を取るという作業を通して、コーヒーの生産者たちは先進国の消費者たちと結びついていくのです。このような形で支援を受ければ、コーヒー農家と消費者が直接、連帯する機会が生まれます。

このような関係が今後さらに強化されてこそ、グローバルな産業としてのコーヒー産業は持続可能なものとなっていくのです。

生まれ始めているコーヒー生産国の交流

コーヒー産業の持続可能性を考える上では、生産国間の「グローバル・パートナーシップ」も重要です。

生産国同士の交流というのは、かつてはほとんどなかったと言っても過言ではありません。

例えば、中米のエルサルバドルとグアテマラは隣同士の国であるにもかかわらず、そこにどんな生産者がいてどんな栽培種を植えているのかなどにはお互いまったく興味はないし、あえて知ろうともしていませんでした。ましてや技術移転などはあり得ない話だったのです。

しかし、サビ病の蔓延やスペシャルティコーヒーブーム、さらに国際相場の低迷など、一国だけで解決できない様々な問題が生まれ始めた近年では、生産国間で連携し、

2016年、タイのドイトゥン開発プロジェクトのメンバーはパナマのコトワ農園を訪問し、様々なトレーニングを受けた

一緒に問題を解決していく気運も生まれ始めています。

例えば第3章で紹介した、タイのメーファールアン財団の「ドイトゥン開発プロジェクト」の指導メンバーも、2016年5月にグアテマラ・アンティグア地方のサン・セバスティアン農園と、パナマのボケテ地方のコトワ農園という2つの名園に足を運び、現地でフィールド・トレーニングを受けています。

筆者の川島はそのコーディネートを担当しましたが、両農園とも想像以上にドイトゥンチームを温かく迎えてくれ、彼らが滞在している間、惜しみなく熱心に指導してくれました。この現地でのトレーニング

2018年には、グアテマラのサン・セバスティアン／サン・ミゲル農園関係者がドイトゥン開発プロジェクトを訪問。メンバーの少数民族の農園を訪れ励ました

によって、「ドイトゥン開発プロジェクト」のメンバーは、多くのことを習得することができ、それがプロジェクトの成功にもつながりました。

この試みは、ドイトゥンのコーヒー生産の技術力アップにつながっただけでなく、両国間の人間関係の構築にも貢献しています。翌年の2017年にはコトワ農園主が、そして翌々年2018年にはサン・セバスティアン農園の総支配人と農園長が、「ドイトゥン開発プロジェクト」を訪問しました。

余談ですが、ハワイのお土産の定番マカダミアナッツの多くは、オーストラリアとグアテマラ産で、サン・セバスティアン農

コロンビア女性生産者グループASMAPROCAMを訪問し大歓迎を受けた、ルワンダの女性コーヒー生産者

園でも大量にマカダミアナッツを栽培しています。実は「ドイトゥン開発プロジェクト」でも、当初からマカダミアナッツを栽培し、こちらは商品化して国内で販売しています。サン・セバスティアン農園一行がドイトゥンを訪問した際に、予定になかったマカダミアナッツの剪定方法を伝授してくれ、翌年から生産性が向上しました。「ドイトゥン開発プロジェクト」と両農園との交流は現在でも続いています。

第16章で紹介した「ルワンダ・コーヒープロジェクト」のケースでも、プロジェクト開始から3年目にＪＩＣＡの支援によりコロンビア視察が実現しました。

コロンビアを訪問先に選んだのは、大農

園が少なくコーヒー生産者の95％が小規模農家でルワンダと似ており、また、小規模農家のほとんどが加盟している農協が非常に円滑に機能しているからです。ルワンダの2つの農協から代表者3名ずつと、政府のコーヒー担当機関の若手マネージャー2名、及び輸出組合理事長・理事が、この視察に参加しました。

農協関係者は、コロンビアの小規模農家の収量の高さと効率的な精選に驚き、また農協が生産者に対しどうあるべきかを学びました。政府関係者と輸出組合の人々は、コロンビアの生産者へ行っている技術サポートネットワークと、徹底した品質管理のシステムに圧倒されていました。

「ルワンダ・コーヒープロジェクト」のメンバーたちは、帰国後さっそく、コロンビアで学んだことを実践し始め、非常に良い結果を生んでいます。

日本発のコーヒー・パートナーシップ

昨今は日本でも緩やかな動きながら、特定のサステイナブルコーヒーの消費を国内でのSDGsアクションに結び付けて、生産農家への支援につなげるパートナーシップ事例が大学や企業を中心に立ち上がってきています。そのアクションの方法や目的は実に多様であり、様々なステークホルダーが地球全体で目標を達成していくSDGsのアプローチを体現していると言えるでしょう。ここでは、大学や企業の取り組みをご紹介します。

■東京大学コミュニケーションセンターの「ドイトゥンコーヒー」

東京大学コミュニケーションセンター（UTCC）ではドイトゥンコーヒー（第3章）を販売しています。UTCCは東京大学の研究成果を商品化し、社会に還元することを目的として設立されましたが、社会貢献にも注目しており、ドイトゥンコーヒーがタイのアヘン撲滅や貧困削減に貢献していることが認められたのです。

収益の一部は「ドイトゥン開発プロジェクト」に還元されますが、ドイトゥンコーヒーを通してコーヒーの産地が抱える問題を日本の消費者に知ってもらうこともUTCCでドイトゥンコーヒーを販売する目的の一つです。私たちが遠く離れた国のことを知ることで、問題解決につながることはたくさんあります。

そしてもう一つ重要なことは、自分たちの作ったコーヒーが、遠く離れた日本の有名な大学で売られていることが、「ドイトゥン開発プロジェクト」に関わる人たちの自信と誇りにつながっているということです。そのような自信や誇りは貧困から抜け出そうとする意欲につながっていきます。つまり、UTCCでのドイトゥンコーヒーの販売は、経済的・精神的両面から「ドイトゥン開発プロジェクト」を支援しているのです。

■「Be the Difference ～世界は一人ひとりの力で変えられる～」青学珈琲

青山学院の新経営宣言「Be the Difference」は、「わたしたちは、与えられた恵みによって、それぞれ異なった賜物を持っています」という聖書から導かれたスローガンに基づいています。

それはあらゆることの多様性を認め、「一人ひとりの個性を大事にする、〝違うことに勇気をもつ〟思考と行動を促すもの」で、「今までとは違うこと、違うもの、違う人たちを上手く共存させて、成果として創造的な価値を生み出していこう」という考えです。

青山学院理事長の堀田宣彌氏は、コーヒーとSDGsに密接なつながりがあることを知り、サステイナブルなコーヒーを広めようと企画をし、青学珈琲が2018年12月に誕生しました。使用しているコーヒーは、第15章で紹介したご主人が急逝した後も頑張って農園を守っている女性生産者アルマのベジャビスタ農園産です。コーヒーの品質と農園主の「自然と共生するコーヒー農園」という考えに共鳴して選ばれました。

青学珈琲は、責任ある森林管理から生産される木材とその製品にのみ付与されるＦＳＣ認証の紙箱を使用しています。

■「一杯のコーヒーから始めるＳＤＧｓ」東洋英和女学院大学コーヒープロジェクト

2018年から国際社会学部の桜井愛子教授と高崎春華専任講師指導のもと、学生たちが中心となってこのプロジェクトが立ち上がりました。

パートナーとして選んだのは、コロンビアの女性農園主が環境と人権に配慮しながらコーヒーを作るベジャビスタ農園（第15章）です。

パッケージのデザインは、学生たちがアイデアを持ち寄り、①英和カラーを活かした色使い、②生産者と消費者のつながりを表現すること、③ Coffee ではなくCaféという言葉を使う、などをポイントにして完成しました。

このコーヒー「Eiwa Café」を中心にしたチャリティ活動を校内や学園祭の「かえで祭」などで実施し、さらに活動報告会を通して多くの学生たちにSDGsとコーヒーのつながりを理解してもらう努力をしています。

そしてコーヒーへの寄付金は、やはりコロンビアの知的障がい者が働くフェダール財団（第8章）に贈られました。この活動は、単年度では終わらず後輩たちに受け継がれています。さらに2022年には、プロジェクトメンバーの大学生が東洋英和女学院高等部に赴き活動報告し、それに触発された高校生たちがコーヒープロジェクトを立ち上げ「サステイナブルコーヒー」の勉強をしています。

■「神保町から発信するコーヒーと途上国への支援」明治大学SDGsコーヒーの挑戦

情報コミュニケーション学部の島田剛准教授ゼミの学生たちが企画した、「明治大学SDGsコーヒー」は、明治大学オフィシャルグッズのネットショップで2021年から販売が開始されました。

使用するのは、フェダール財団が運営する農園（第8章）で知的障がい者が栽培しているコーヒーです。財団スタッフのアナ・マリアさんの、「障がい者施設が作ったコーヒーだから不味くても買ってあげようというのではなく、美味しいから買いたいと思われるコーヒー作りを目指している」という言葉と姿勢に共感したことが、このプロジェクトを学生たちが企画するきっかけとなりました。

デザインを担当した学生は、「途上国支援と聞くと、『上からの施し』をイメージするかもしれません。このプロジェクトでは品質の良いコーヒーには良い価格を支払い、フェダール農園と対等なパートナーとして共に歩んでいくことを目指しています」と語っています。

売り上げは全額、現地への支援に当てる予定で、現在、学生たちは支援の内容について議論を進めています。

■「一杯のコーヒーから地球環境を考える」珈琲工房ひぐちの取り組み

岐阜県各務原市の珈琲工房ひぐちは、樋口精一・美枝子夫妻が1985年に始めたコーヒー会社です。当初は普通の町の喫茶店でしたが、やがて焙煎も手掛けるようになり、夫妻は積極的に産地を訪問しました。そして2007年に日本サステイナブルコーヒー協会が主催した「サステナブル・コーヒー・シンポジウム」に参加したことが、サステイナブルコーヒーを広める活動をするきっかけになりました。

SDGsが生まれるずっと以前の2008年9月、自費で「サステイナブル・シンポジウム　一杯のコーヒーから地球環境を考える」を、中部学院大学の協力を得て開催しました。これは大成功で250名の人々が参加しました。その後も夫妻は、同様のイベントを地元で開催し啓発活動を続けています。

また「COP10」(生物多様性条約第10回締約国会議)を契機にレインフォレスト・アライアンス認証、UTZ認証、フェアトレード認証の自社製品を開発し積極的に販売しています。フェアトレードやその他の認証コーヒーを、その趣旨も理解しようとせずに、ビジネスの手段として販売しているコーヒー会社やコーヒー店が多い中で、珈琲工房ひぐちの取り組みは特筆すべき活動です。

■「JAL CAFÉ LINES」日本航空のサステイナブルコーヒー

日本航空は、機上で美味しくてサステイナブルなコーヒーをお客様に提供するために、２０１１年 JAL CAFÉ LINES プロジェクトを立ち上げました。

そして世界の航空会社に先駆け、レインフォレスト・アライアンスの認証コーヒーを、国際線・国内線エコノミークラスで提供しています。当初認証コーヒーのブレンド割合は30％でしたが、現在では国内線で90％、国際線では１００％になっています。また２０２０年からは、国内の空港ターミナルのラウンジで提供されるコーヒーも、レインフォレスト・アライアンス認証コーヒー１００％のサステイナブルな美味しいコーヒーに変わりました。

また２０１８年からは、タイのメーファールアン財団の「ドイトゥン開発プロジェクト」（第3章）に共鳴し、バンコク線のビジネスクラスではドイトゥンコーヒー１００％、エコノミークラスではドイトゥンブレンドコーヒーの提供を開始しています。認証コーヒーの多くが遠く離れた消費国のみで販売される中、生産国であるタイと消費国である日本をつなぐ国際線でドイトゥンコーヒーが採用されたことは、両国のステークホルダーによるＳＤＧｓの実践例として大変意義深いと言えます。

■「コーヒー1杯で未来は変えられるか?」
TEAM HAPPO-EN SUSTAINABLE ACTION

東京・白金台の八芳園は、とても東京の都心にあるとは思えない、1万2、000坪の素晴らしい庭園を持つ結婚式場として有名です。そしてSDGsの17の目標達成に向けて独自の様々な取り組みを行っています。環境にもからだにもやさしい料理を提供する八芳園では、料理だけでなく食後のコーヒーでも、もっと社会貢献できないかを検討しました。その結果、提供するコーヒーを通じて「美味しさ」と「サステイナビリティ」を両立することを目指し、2018年に館内のコーヒーをすべて環境と人権に配慮するグアテマラのサン・セバスティアン農園(第2章、第4章)とサン・ミゲル農園(第2章、第6章)産に切り替えました。

そして2019年からコーヒーの売り上げの一部を、無料で労働者やその家族及び先住民の健康管理に携わっているサン・ミゲル農園内診療所に寄付するプロジェクトを開始しました。

■「子どもたちへの給食補助」ホロニック社の取り組み

関西地域を中心にコミュニティに根ざしたホテルや施設を展開するホロニックは、スタッフ、お客様、そして生産者の人々の「やりがい、生きがい、働きがい」に溢れる社会づくりに取り組んでいます。

２０２０年には、取り組みをコーヒーにも拡大し、パナマの自然環境と人権に配慮したコトワ農園と新たなパートナーシップを開始しました。２０２１年より、運営するSETREグループのホテルで提供するコトワ農園のコーヒーの売り上げの一部を、農園や近隣で働く先住民族の子どもたちが通う学校の給食費として寄付しています。親が子どもたちを学校に通わせる大きな理由の一つが、給食が支給されることです。この給食が、1日で唯一の食事という家庭もあり、給食が充実すれば就学率も上がる可能性があります。

なおホロニックは、２０１９年6月から「サステナブル・コーヒー・チャレンジ」（第12章）にも参加しています。

この本でご紹介したこれらのパートナーシップの例はあくまでも一部であり、日本全国にはもっと様々な取り組みがすでに立ち上がっていることでしょう。

筆者の川島が設立したミカフェートは、生産国での品質とサステイナビリティ向上への様々な技術支援を行い、生産国と消費国を結ぶ架け橋となることを企業理念としており、2016年に日本企業として初めて「サステナブル・コーヒー・チャレンジ」に参加しました。「コーヒーで世界を変えることができる」と信じる筆者の思いを、この本を通じて少しでも皆さんにご理解いただけたらと願っています。

そして、皆さんがコーヒーを通じてSDGsの目標に興味を持ち、今までとは違う新たなアクションを起こし、実行に移すことが、SDGsの目標に貢献していきます。その際は、起こしたアクションを具体的に記録しておくとよいでしょう。思いに賛同する人が増え、ある程度まとまったアクションになれば、日本でのアクションを超えて、生産地のSDGsに直接的に貢献することも可能になるかもしれません。

皆さんがコーヒーの選択にSDGsへの貢献を選ぶことが、コーヒーを通じたより良い社会の実現につながるのです。

おわりに（新書版刊行によせて）

『コーヒーで読み解くＳＤＧｓ』の単行本が出版された２０２１年３月は、ちょうど新型コロナウイルス感染症が世界中に蔓延して２年目の春でした。その後、ブラジルで霜が降り（２０２１年８月）、中南米地域にラニーニャ現象（太平洋赤道域の日付変更線付近から南米沿岸にかけて平年より海面水温が低くなり、その影響で多雨となる現象）が起こり（２０２１年秋）、突然ロシアがウクライナに侵攻（２０２２年２月）しました。そしてこれらのできごとのすべてが、コーヒー産業に多大な影響をもたらしています。

新型コロナウイルス感染症の蔓延以前、２０１９年10月1日のコーヒーの国際相場は、ポンド当たり１００セントでした。新型コロナウイルス感染症の影響で世界的に経済が停滞し、需要が減る中でも、２０２０年の7月頃まではこの水準が維持されていたのです。

ところが感染者の増加と共に各国の港が機能不全になり、コンテナの供給難も重なって、徐々に国際相場は上昇しました。それに加えて世界最大のコーヒー生産国ブラジルに霜害が起きたことがきっかけとなり、２０２１年10月には国際相場が２００セントを超したのです。

ラニーニャ現象がもたらした大雨によっても中南米全体のコーヒー生産量が大幅に落ち込み、２０２２年9月頃まで国際相場は２３０~２４０セントの高止まり状態が長く続きました。単行本が出版された２０２１年3月17日の国際相場は１３２・８５セントでしたから、1・7倍以上まで上がった計算になります。

コーヒーの国際価格が上がることは、一見生産者にとって喜ばしいことのように見えますが、大きく値上げとなった理由は霜害や多雨で、実質生産量は減っているので、生産者の暮らしが豊かになっているわけでは決してありません。

さらなる追い討ちをかけたのが、ロシアのウクライナ侵攻です。実はウクライナとロシアは、化学肥料の最大輸出国なのです。私は、２０２２年5月に中米・カリブ地域の生産国5カ国を26カ月ぶりに訪問しましたが、すべての国の生産者から出た話題が肥料の高騰でした。値段が2・5〜3・5倍に跳ね上がり、確保すること自体が難しい国もありました。

そんな中、消費国である日本のコーヒー業界で何が起こっていたのかといえば、とにかく2020年以降は、予定通りに産地から荷物が届かなくなりました。それは、海上輸送も航空貨物も同じです。空のコンテナが見つからず、見つかっても船の予約が取れない状況が続き、運賃も高騰しました。私の会社のケースですが、ブラジルからのリーファーコンテナの輸送費が、2019年7月はおよそ48万円だったのが、2022年6月は111万円にもなりました。そこに日本の通貨安が追い討ちをかけるように重くのし掛かっています。

このように生産量が減り、国際相場が高止まりしていると、品質は低下傾向になります。少しでも輸出して外貨を稼ぐために、品質規格を甘くする生産国もあります。またロジスティックが完全に回復していない現在、倉庫で保管されているコーヒーは、多雨によって湿度が上がり、品質に悪影響が出る可能性があります。さらにウクライナ情勢で原料や資材の高騰に見舞われ、円安も進んでいる日本では、値上げだけでは追い付かず、明らかに品質を落としている製品も見受けられます。

コーヒー価格が上がっているのに、生産者の生活は楽にならず、そして消費国の私たちは複雑に絡み合う世界情勢に翻弄され続ける。

このような不均衡な状態が続くと、コーヒー生産者はもちろん、コーヒー業界全体に危機的状況が訪れるのではと心から危惧しています。

この本を通じて、コーヒーがいかにSDGsの17のゴールに深く関係しているかを理解していただけたのではないかと思います。

ただし、現在のコーヒーを取り巻く問題として挙げた保健衛生、気候変動、和平に関わる問題は、実際にはさらに複雑に絡み合い、より強い影響力と共に、各国が取り組む17のゴールに暗い影を落としています。

だからこそ、日本の皆さんには毎日飲むコーヒーで何ができるか、今こそ真剣に考えていただきたいのです。

私たちの日々の選択と行動を積み重ねることが、最終的には世界を変えていく力となることを、私は強く信じています。

José．川島良彰

《参考文献》

Hassen,K.,Gizaw,G.and Belachew,T.(2017) 'Dual burden of malnutrition among adolescents of smallholder coffee farming households of Jimma Zone, Southwest Ethiopia' ,Food and Nutrition Bulletin,[e-journal]38(2), pp. 196-208. doi: 10.1177/0379572117701660.

Kasente,D.(2012) 'Fair Trade and organic certification in value chains: Lessons from a gender analysis from coffee exporting in Uganda' , Gender and Development,20(1),pp.111-127.doi:10.1080/13552074.2012.663627.

Hassard,H.A.et al.(2014) 'Product carbon footprint and energy analysis of alternative coffee products in Japan' , Journal of Cleaner Production,[e-journal]73,pp.310-321.doi:10.1016/j.jclepro.2014.02.006.

Brommer,E.,Stratmann,B.and Quack,D.(2011) 'Environmental impacts of different methods of coffee preparation' , International Journal of Consumer Studies,[e-journal]35(2),pp.212-220.doi:10.1111/j.1470-6431.2010.00971.x

Perfecto,I.,Vandermeer,J.,Mas,A.,& Pinto,L.S.(2005).Biodiversity, yield, and shade coffee certification. Ecological Economics, [e-journal]54(4), pp. 435-446. doi:10.1016/j.ecolecon.2004.10.009

Kellermann,J.L.,Johnson,M.D.,Stercho,A.M.,& Hackett,S.C.(2008). Ecological and economic services provided by birds on Jamaican Blue Mountain coffee farms. Conservation Biology,[e-journal]22(5), pp. 1177-1185. doi:10.1111/j.1523-1739.2008.00968.x

Karp,D.S.,Mendenhall,C.D.,Sandi,R.F.,Chaumont,N.,Ehrlich,P.R.,Hadly,E.A.,& Daily,G.C.(2013).Forest bolsters bird abundance, pest control and coffee yield. Ecology Letters, [e-journal]16(11),pp.1339-1347.doi:10.1111/ele.12173

Perfecto,I.,Rice,R.A.,Greenberg,R.,& Van der Voort,M.E.(1996).Shade coffee: A disappearing refuge for biodiversity.BioScience,[e-journal]46(8),pp.598-608. doi:10.2307/1312989

Jha,S.,Bacon,C.M.,Philpott,S.M.,MÉndez,V.E.,LÃderach,P.,& Rice,R.A.(2014). Shade coffee:Update on a disappearing refuge for biodiversity. BioScience. [e-journal] 64 (5), pp. 416-428. doi:10.1093/biosci/biu038

José.川島良彰（ホセ・かわしま・よしあき）
株式会社ミカフェート代表取締役社長。日本サステイナブルコーヒー協会理事長。高校卒業後、エルサルバドル共和国 国立コーヒー研究所に留学。大手コーヒー会社に就職。ジャマイカ、ハワイ、スマトラで農園開発に携わり、マダガスカルやレユニオン島では絶滅種の発見や種の保全を実現し、コーヒー産業を復活させた。2007年に退職後、日本サステイナブルコーヒー協会を設立し、2008年に株式会社ミカフェート設立。

池本幸生（いけもと・ゆきお）
東京大学名誉教授。日本サステイナブルコーヒー協会理事。1980年、京都大学経済学部卒業後、特殊法人アジア経済研究所に勤務。1987年から1989年にかけてタイのチュラロンコン大学社会科学研究所に赴任。1990年から京都大学東南アジア研究センター助教授、1998年に東京大学東洋文化研究所に異動。2010年から2016年にかけてASNET（日本・アジアに関する教育研究ネットワーク）副ネットワーク長を務める。2022年に定年退職。

山下加夏（やました・かな）
日本サステイナブルコーヒー協会理事。慶應義塾大学卒業、ケンブリッジ大学修士（サステイナビリティ・リーダーシップ）。外資系企業勤務後、2001年より国際NGOコンサベーション・インターナショナルに勤務。国連気候変動枠組条約の交渉へのインプットや、途上国の持続可能な開発を目指すプロジェクト支援に取り組む。2015年より、株式会社ミカフェートのアドバイザー。コーヒー生産農家のサステイナビリティに関する調査や連携を担当。

本書は、2021年3月に刊行した『コーヒーで読み解くSDGs』に大幅に加筆修正して、新書化したものです。

デザイン・穴田淳子（a mole design Room）
編集協力・熊本りか

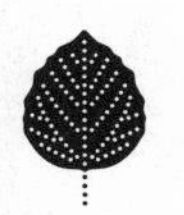

ポプラ新書
235

コーヒーで読み解くSDGs

2023年 2 月 6 日 第 1 刷発行

著者
José. 川島良彰　池本幸生　山下加夏

発行者
千葉 均

発行所
株式会社 ポプラ社
〒102-8519 東京都千代田区麹町 4-2-6
一般書ホームページ www.webasta.jp

ブックデザイン
鈴木成一デザイン室

印刷・製本
図書印刷株式会社

N.D.C.591/282P/18cm ISBN978-4-591-17699-3

P8201235

生きるとは共に未来を語ること　共に希望を語ること

昭和二十二年、ポプラ社は、戦後の荒廃した東京の焼け跡を目のあたりにし、次の世代の日本を創るべき子どもたちが、ポプラ（白楊）の樹のように、まっすぐにすくすくと成長することを願って、児童図書専門出版社として創業いたしました。

創業以来、すでに六十六年の歳月が経ち、何人たりとも予測できない不透明な世界が出現してしまいました。

この未曾有の混迷と閉塞感におおいつくされた日本の現状を鑑みるにつけ、私どもは出版人としていかなる国家像、いかなる日本人像、そしてグローバル化しボーダレス化した世界的状況の裡で、いかなる人類像を創造しなければならないかという、大命題に応えるべく、強靭な志をもち、共に未来を語り共に希望を語りあえる状況を創ることこそ、私どもに課せられた最大の使命だと考えます。

ポプラ社は創業の原点にもどり、人々がすこやかにすくすくと、生きる喜びを感じられる世界を実現させることに希いと祈りをこめて、ここにポプラ新書を創刊するものです。

未来への挑戦！

平成二十五年　九月吉日　　株式会社ポプラ社